も[illegible]からカラスが消えたら

プロローグ

もしも世界からカラスが消えたら

三千世界の◯を殺し　主と朝寝がしてみたい

スズメとオナガの鳴き声で目を覚ました。まだ早朝だというのに。

しばらく寝床にいたが、二度寝はできそうにない。起き出して顔を洗い、着替える。スマホとミネラルウォーターを持ってランニングシューズを履くと外へ出た。

マンションの前の通りにゴミ袋が積んであるのを見て、今日が燃えるゴミの日だったことを思い出す。まあ走ってきてからでも回収には間に合うだろう。ここらでは野良猫もあまりいないから、ゴミが荒らされていることはない。

ん？　今、何か妙な気がしたが、なんだろう？

だが、その微かな疑問はスマホを手にしたら消えた。ランニングついでにゲームだ。いくつかポイントを回り、ポケモンをゲットしよう。昨日も夜ちょっと走ったついでにゲットしたのだが。たしか、ヤミ――。

ヤミ？　そんな黒いのいたっけ？　いや、なんかいた気がする。進化するとドンになって強くなるのが。なんだったろう、ドンクロヒョウ、ドン黒犬、ドンタコス……は違うか。だが、その音感に妙に覚えがあるような気もする。

なんだかすっきりしない気分で走り出した。気分をアゲるためにイヤホンで音楽を聞く。曲はスマホに入っているなかからランダム再生だ。始まったのは星野源の「恋」。朝の歌ではないかもしれないが、悪くない。逃げ恥も大好きだったし。

「風たちは運ぶわ　カケスと人々の群れ」

ん？

いや、別におかしくない。合ってる。カケスは秋になると群れをなして飛ぶ姿を見るものだ。カケス科の鳥はほかにオナガ、カササギ、ホシカケスなんかもいる。カササギはカチカケスともいうそうだ。韓国語でカッチというので、その関係か。

……という、いささか違和感と無理のある光景を想定してみた。この世界にはカラスがいないのだ。

いや、もちろん「カラスだけがいない街」が成立するとは限らない。カラスが進化しなかった世界では、ほかにも変わっている点があるかもしれない。何か他の鳥がカラスの代役を務めることもあり得る。そして、私たちの生活にも、何らかの変化があるかもしれない。かなりな無茶振りであることは承知しているが。

そんな具合に、「もしカラスがいなければ?」を考えてみたのが、本書である。「なくして初めて気づく」は繰り返し繰り返し、使い尽くされたテーマではあるが、もしカラスが存在しなければ世界はどうなるか、さして変わらない世界になるか、あるいはじわじわと侵食されて世界が崩壊していくか、正直書いている時点でもまだわからない。

目次

第2幕

第4幕

カラスの代役オーディション

イラストレーション　祖敷大輔
ブックデザイン　佐藤亜沙美（サトウサンカイ）
DTP　寒水久美子
編集協力　立花律子（ポンプラボ）
編集　森哲也（エクスナレッジ）
印刷　シナノ書籍印刷

第1幕

生態系からカラスが消えたら

カラスはキーストーン種か

もし○○がいなかったら生態系が崩れてしまいますよ、という話は聞いたことがあるだろう。これは必ずしも誇張ではない。有名な例だが、ケルプ（北太平洋の巨大な昆布）の森の例がある。

長さ数十メートルにもなるケルプは海中に森のように茂り、様々な生物の居場所や栄養分を作り出し、多種多様な生物が食ったり食われたりしながら暮らしている。1971年、生態学を学ぶ大学院生だったジェームズ・エステスは、アリューシャン列島の二つの島の海洋生態を比較した。一方のアムチトカ島にはラッコがいたが、近くにあるシェミア島のラッコ個体群はまだ乱獲から回復しておらず、ほとんどラッコがいない状態だった。

それだけでなく海域の様相は全く違った。アムチトカ島の周囲にはケルプが茂り、様々な生物がいた。だが、シェミア島の周辺にはウニがいるばかりで、ケルプはほとんど見られず、生物の種数もはるかに少なかった。

ラッコはウニの捕食者である。ラッコがいないとウニが増え、増えたウニがケルプを食べてしまい、伸びることができなかったのである。そのため、本来ならケルプの森を生活場とする生物たちも生息できなかった。ケルプの森の生態系を成立させる肝となっていたのは、ラッコの存在だったわけだ。

こういう、「こいつがいないと全体が崩れる」という種はキーストーン種といわれる。キーストーンというのは、石積みのアーチの中央にはめ込まれる台形の石だ。この石が構造全体に圧力を加えることで、アーチは形を保っている。これを抜くと全体がテンションを失って崩れ落ちてしまう。

むろん、生態系の中のどの一種でもいなくなると、全体が崩れ落ちるというわけではない。多くの種からなる生態系は多数のレンガを積み上げた壁のようなもので、一つや二つ抜いても持ちこたえることも、そりゃあるだろう。だが、ある種がどこに影響するかは、なくなってみないとわからないこともしばしばある。

また、猛禽類のような高次捕食者が存在するほうが、生態系の多様性が高いという説がある。一方、そのような事実はない、とする反論もあった。最近発表されたメタ的な研究によると、必ずそうだというわけではないが、高次捕食者がいる環境のほうが多様性は高い傾向が認められたとのことである（これがどのようなメカニズムなのか、捕食者がいるから多様なのか、それとも多様だから捕食者も生きられるのか、といった点は今後も研究がいるだろうが）。これは猛禽の保全の重要性を再確認する結果でもあるが、同論文は「猛禽など目立った生物以外の捕食者について情報が非常に少ない」という点にも触れている。カラスは捕食者でもあるので、カラスがいない場合、思わぬところで生態系に影響する可能性も、ないとは言えないだろう（あるとも言い切れないが）。

仮にカラスがいなくなったらどうなるか？　これを考えるには、カラスがやっていることを考えてみる必要がある。何をしているだろうか？

カラスがやっていること＝ゴミ漁り

という声が聞こえてきそうだが、確かにこれは間違いではない。

カラスは死肉食性でもあるので、動物の死骸を漁《あさ》る。また、他の動物の食べ残しも漁る。こういう生物をスカベンジャーというが、彼らはいわば、自然界の掃除屋である。生態系における物質循環の中では、死骸を分解して無機物に戻す過程の第一段階にいるといってもいい。

市街地の場合、動物の死骸はあまりないが、生ゴミはたくさんある。生ゴミというのは食物のうち、人間の食べ残した部分なので、生態学的にいえば、ライオンが食べ残したヌーの死骸なんかと変わらない。そして、「回収してもらうために置いてあるだけだ」という人間側の事情は、カラスには関係ない。落ちているものは何であれ食ってもいいのが、彼らの流儀だからである。

逆にいえば、カラスがいなければ、確かにゴミは荒らされない。実際にはカラス以外にイヌやネコが荒らしたりもするのだが、今時、野良犬はほぼいないし、ネコも地域猫として餌をもらっていたりするから、そこまで大問題にはならないだろう。

「カラスに庭の柿を荒らされた」という声もあるかもしれない。その通り、カラスは果実食者でもある。カキやビワのような大きな果実だけでなく、クスノキやソメイヨシノのような、街路樹の小さな実もよく食べる。硬くてカラカラに乾いたナンキンハゼの実まで食べている。となると、カラスがいなければ楽しみにしていた庭のカキを持っていかれる、ということもないだろう。

さらに、「いつも見ていたツバメの巣がカラスに襲われた」なんてこともあるのでは？これも確かに事実。カラスは小動物を捕食する。彼らは雑食性なので、肉類もよく食べる。そして自然界において肉は2種類、「まだ生きている肉」と「もう死んでいる肉」だ。生きている相手は逃げたり反撃したりするから面倒、という意味でしかない。明快にいえば

「手に負えなさそうな肉」と「ゲットできそうな肉」である。

その結果、カラスは自力で捕食できるサイズの動物であれば捕まえて食べる。昆虫はよく食べているし、ザリガニなんかも食べる。ネズミを食べているのも見たことがあるし、ハトくらいならなんとか捕食できる。我々はつい、ケモノやトリを襲って食べるのは獰猛で、昆虫を食べる程度ならおとなしいと思ってしまうが、両者に本質的な違いはない。単に、自分のサイズと性能に見合った相手を捕食しているだけである。

もっともカラスがハトなんかを食べている場合、捕食したとは限らないので要注意だ。事故死したものを拾って食べていることも多い。

実のところ、ハトを襲うのは何度か見たことがあるが、襲って成功したのは見たことがない。ただし、襲いかかった直後の仕留めているシーンなら見たことがある。というのも、彼らには猛禽のように大きく鋭い爪がないため、ハトを押さえつけることも、一撃で仕留めることもできないからだ。タカなら上空から襲いかかり、鋭い爪を叩き込んで動きを止めると同時に致命傷を与える。ハヤブサは頸椎《けいつい》を噛み砕いて即死させる。カラスにはそういう機能がないので、地道に、相手が死ぬまで首筋をつつくというブラッディで効率の悪い方法をとる。

捕食が成功するとしたら、相手が逃げられない場合だ。沖縄でリュウキュウハシブトガラスがヤンバルクイナを捕食した例が知られているが、これは道路脇の側溝に落ちて逃げ道がなくなったクイナを仕留めたものである。クビワカモメを捕食した瞬間の写真を見せていただいたこともあるが、これも浅い水中に押さえつけたため、捕食しやすかったのかもしれない。

ということで、カラスが狙うのはだいたい反撃できないほど小さいか弱い相手、となる。それが、カラスが鳥の巣を狙う理由だ。卵や雛なら確実に捕食できるからである。カラスがいなければ、ツバメの雛なんかがカラスに捕られることもなくなるだろう。

まとめると、ゴミは荒らされない、庭のカキやキュウリを盗まれることもない、楽しみにしていたツバメの巣が襲われたりもしない、ということだ。カラスなんかいないほうが、人間には都合が良いのではないか？　ということになる。

生態系におけるカラスの役割

一方――。

あなたが街を歩いていて、誰かが落としたチキンナゲットとか、酔っ払いがリバースした吐瀉物《としゃぶつ》とか、そういうものを踏んでしまう確率はちょっと上がる。カラスは落とし物を目ざとく見つけて「掃除」してしまうからだ。

また、植物がいつの間にか生えてくる、ということも幾分か減るだろう。カラスはこういう果実を食べて種子を運ぶからである。有珠山が噴火したあと、遊歩道沿いにいち早く植生が回復したが、これは観光客と一緒にカラスが来ているからでは？ とする考察があった。もちろん種子を運ぶ鳥はほかにもたくさんいるのだが、カラスほどの大きさの果実食者は、日本にはほかにいない。つまり、運べる種のサイズも移動距離も大きいのだ。

自然界においても同じことが起こる。シカが死んでいても、それを食べにくるカラスはいない。もちろんカラスが食べなくても他の動物は食べるだろう。実際、コンドル類が死骸を食べにくるアメリカと、コンドルのいない日本で、シカの死骸が消失するまでの日数にはあまり差がないという研究がある（だいたい7日くらい）。日本では哺乳類が頑張って食べているせいだといわれているが、アメリカでも日本でも、カラスも一役買っているはずだ。カラスの体重はタヌキなんかに比べればだいぶ軽いが、集団を作ればそれなりの物量にはなるし、鳥は体重に比して食べる量が多い。そして飛べるから集合しやすいのだ。

実際、いい餌があると複数のカラスが食べにくることはよくある。山で見かけたヤマドリの死骸の回りにハシブトガラスが6羽くらい来ていたことがある。北海道でエゾシカが死んでいたときなど、多数のカラスが付近に群がっていた。森の中のことで全数は数えられなかったが、30羽以上はいそうな感じだった。いや、そんな野生の王国を例に出すまでもなく、早朝の繁華街に群がるカラスの姿が、まさに「いい餌場に集合するカラスの集団」なのだ。

　ということで、カラスがいないと、自然界において死骸の分解が幾分か遅れる。「カラスがいないと死骸だらけになって病気も発生して大変なんですよ！」とまでは言わないが、分解速度が低下するということは生態系の物質循環の速度がちょっと遅くなる、ということだ。人間社会でいえば、資源や部品の流れ、あるいは通貨の流通サイクルが遅くなることを意味する。つまり経済の停滞化だ。

　そして、カラスが捕食する「小動物」の中心は昆虫である。あなたが昆虫大好きで毛虫も平気であるならいいが、そうでない場合、うっかり並木の下を歩かないほうがいい。街路樹にも大型の毛虫（と雑な書き方をしたが、要するに鱗翅目《りんしもく》——チョウ・ガの幼虫の一部だ）がいて、カラスはこれの天敵だからだ。大正時代に北海道でバッタが大発生した際も、カラスとムクドリがこれを食い尽くし、作物が全滅するのをまぬがれたという例が伝えられている。というわけで、カラスがいない場合、ムシムシ大行進されるのを笑って許すか、殺虫剤を散布するしかない。

さて、このあたりの事情は時々矛盾があるのにお気づきだろうか。一番明確なのは、「ツバメの雛を食べるのは許さないが、殺虫剤を撒《ま》くのはいい」というあたりだ。そんなことをするとツバメの餌である様々な小型の昆虫も減ってしまう。

もう一ついえば、現在、都市部でカラスと並んで（時にはカラス以上に）ツバメの敵になっているのは人間による巣落としだ。かつて、ツバメは田植え頃の空を舞う渡り鳥であり、水田上空で昆虫を食べる益鳥であり、家の軒先や、時に部屋の中まで入ってきて営巣し、幸運をもたらす鳥だった。だが農業を離れた現代日本人にとってツバメは特に益鳥ではなく、幸運がどうとかいう迷信も関係なく、大事な車に糞を落とす厄介者扱いされることは少なくない。

街路の掃除だって、もちろん人を雇ってやってもらっているわけだが、カラスがちょっと手伝ってくれてもいいだろう（まあ、カラスは糞を落とすし、拾った餌もどこかに押し込んで隠していたりするから、結局手間が増えるだけかもしれないが）。

そして、種子散布だ。庭木は人間が何を植えるか決めるからいいが、自然の中では多くの鳥たちが、種子を蒔いてくれる「庭師」である。カラスはその中の一種だ。

ということで、カラスがいなくなった場合、それで即座に生態系がクラッシュするとは思わないが、あちこちにジワジワと影響は出てくるだろう。もちろんカラスがいなくなった場合、他の動物が代わりのその立ち位置を埋めるだろうが、今、目にしている自然の姿とは、少し異なったものになるかもしれない。埋めきれない部分が出てきた場合、そこは明確に変化する。

世の中にはカラスが嫌いと言う人がいて、それはもちろん自由なのだが、「あんなものはなんの役にも立たない！」と堂々と口にする人までいる。もちろん人間の役には立っていないだろうが、生態系の中での役割を忘れてはなるまい。

カラスは野生動物であり、当然、生態系の中で、あるニッチ、すなわち生態学的地位を占めている。地位と言って悪ければ役割とか業種に例えてもいい。

これは生態系を回すための一つのサービスと考えることもできる。エッセンシャルワーカーという言葉が定着して数年になるが、この複雑に絡み合った社会の中で、ある仕事が滞ったらどれだけ影響があるか、コロナ禍の中で思い知らされたのではないか。それ以前にも、東日本大震災によって日本のメーカーが塗料を出荷できなくなった結果、アメリカの自動車メーカーの生産が滞《とどこお》った、といったこともあった。

というわけで、生態系の中でカラスが何をしているか、考えてみよう。具体的には、カラスが何をどう食べているかだ。

何を食べているかは先にも触れた。だが、「どのように」も重要である。例えばクジラの存在が海洋生態にどんな役割を及ぼしているか？

そもそも論として、海洋の有機物生産と循環を考えよう。海の物質循環の基礎となるのが植物プランクトン、つまり光合成によって無機物から有機物を生産するプランクトンだ。陸上でいえば、植物が光合成によって有機物を作り出すことに相当する。

だが海洋生態には重大な問題がある。水中は透明度が低く、光が届きにくい。光合成が行える限界は、光の１％が到達する水深までといわれている。沿岸部で30メートル程度、透明度の高い外洋でも２００メートルが限界だ。

ということでプランクトンは水面近くの浅い層に広がって光合成を行うわけだが、植物が生きていくには光と二酸化炭素と酸素だけでは不十分だ。窒素、リン、鉄なども必要である。ところがこういった栄養塩類は海水中にホイホイ溶けているわけではない。地上の植物なら養分として根から吸い上げるが、大洋中のプランクトンの場合、「地中」というものが自分の何千メートルか下の存在だったりするのである。

特にリンの場合、海底に沈降したプランクトンの死骸からの溶出が多いため、底のほうに溜まりがちだ。ところが深海は水温が低く、冷たい水は密度が大きいから浮いてこないのである。海流の関係で栄養塩類が湧き上がる海域というのはあるが、そういうホットスポットはどこにでもあるわけではない。

さて、これを身近な例で考えれば、こうだ。バスタブにお湯を張った。そしてバスソルトを入れた。バスソルトはすぐには溶けず、バスタブの底に山になって沈殿している。さあ、どうするか？

答え：手を突っ込んでかき混ぜる。

それをやってくれるのがクジラだ、という研究がある。ローマンが２０１４年に発表した論文によると、クジラはポンプやベルトコンベアの役を果たしているという。★

水は温度によって密度が異なるので、極端に水温の違う海水が接した場合、密度境界面ができてしまい、両者の水はなかなか混じり合わない。だから、深海に栄養塩があっても、海面にはなかなか出てきてくれない。この境界面を突破してかき回せるのは、クジラのよ

★ Joe Roman. 2014. Whales as Marine Ecosystem Engineers. Frontiers in Ecology and the Environment 12(7). 377-385

うに遊泳力の大きな生物なのである。

また、広い海域を回遊するクジラは、水平方向にすら物質をかき回しているという。というのは、クジラの糞が窒素や鉄分を含む肥料となるからだ。回遊しながら異なる海域に糞を落としてくれれば、離れた場所に栄養を運んで再分配することになる。

そしてクジラが死んだとき、その死骸は海底に沈む。それは有機物の乏しい深海底に降って湧いた、突然の「餌の塊」である。のみならず、脂肪が分解されるとメタンや硫化水素が発生し、これを利用して化学合成を行う細菌が繁殖して、その場で有機物を作り始める。砂漠のように延々と不毛な世界が続く深海底で、クジラの死骸の回りだけが、生物の楽園となるのだ。

この、クジラの死骸を基盤とした、ほぼ孤立した生態系は鯨骨《げいこつ》生物群集という名前がついている。なかにはホネクイハナムシのように、クジラの骨のみを住処《すみか》とする特殊な生物まで存在する。この動物は熱水鉱床に生息するハオリムシに近縁で、鯨骨に含まれる脂質を利用する化学合成細菌と共生関係にある。ハオリムシが硫黄細菌と共生し、熱水鉱床から吹き出す硫化水素を利用しているのと同じだ。生物は生きている間だけでなく、死んでからもシステムに影響し続ける。

もう一つ例を挙げよう。

有名な例だが、マダガスカルにはアングレカム・セスキペダレというランがある。このランは異様に長い距《きょ》を持っている。距というのは、ランの花の蜜が溜まっている部分だ。アングレカムの場合、距の長さは30センチに達する。

花が蜜を生産するのは、昆虫などに花粉を運ばせる報酬のためだ。昆虫は蜜を吸おうとして花に潜り込み、その際に花粉を体に付着させる――いや、付着させられる。花の狙いはそこにある。この昆虫が飛び立って次の花を訪れた際、雌しべを触って受粉させてくれるからだ。蜜を餌に昆虫を誘導し、花粉を運ばせているのである。あるいは蜜を報酬として運んでもらっている、と言ってもいい。

ところが、昆虫としては別に花粉を運びたいわけではない。なので、吻《ふん》を伸ばして花の中に差し入れ、蜜だけ吸って逃げようとするものが出てくる。すると花はこの食い逃げを防ぐため、あの手この手で花粉を運ばせようとする。その方法の一つが長い距で、体を突っ込まないと届かないほど奥まったところに蜜を貯めるというものだ。

進化論で有名なチャールズ・ダーウィンはこの花を見て、「距の長さに対応した、極めて長い吻を持った昆虫がいるに違いない」と予言した。そして、この予言は的中した。ダーウィンの死後、吻の長さが35センチにも達するキサントパンスズメガが発見されたのである。

このランとスズメガの関係は「行きつけの店と常連」、あるいは会員制の店にも例えられる。というのは、そこまで特化し合った場合、お互いがお互いの専用になるからだ。

キサントパンスズメガにとって、アングレカムは間違いなく吸蜜できる、自分専用の食堂になる。訪花したものの、他の昆虫に先を越されて蜜が残っていなかったら無駄足になるからだ。もちろん、同種の他個体に先を越されていたら仕方ないが、「誰でもオッケー」よりは売り切れの危険が少ない。よって、キサントパンスズメガはアングレカムを選択的に訪れ、餌資源として依存するだろう。

こういう固定客がいてくれるのは、花にとっても有利だ。他の花が咲こうがどうしようが、常連が来てくれるなら、受粉の機会は保証されている。頑張って蜜の量を増やしたり、花を目立たせたり、といったコストをかけなくてもいい。飲食店でいうなら、無理なサービスや広告宣伝費が省《はぶ》けるわけだ。

このような関係性の中で、一方が絶滅したらどうなるか？

花を失えば、スズメガのほうは餌場をほかに求めるしかない。もちろん吸蜜はできるが、前ほど効率よくはない。おまけに、バカ長い吻はただの邪魔でしかない。

スズメガを失った花はもっと大変だ。会員制なのに会員はもう生き残っていない。そして、ご新規様を呼びたくても、他の客は来ても門前払いなのである。送受粉の手段を失えば、遠からず絶滅だ。

こんな具合に、ある生物が「いる」ということは、必ずその周囲に影響を及ぼしている。

そもそもカラスはどんな鳥か

さて、カラスがいなかったらどうなるかを考える前に、カラスがどんなものだったかを思い出しておきたい。

ちょっと専門的な話になるが、生物の分類はツリー構造になっており、界↓綱↓目↓科↓属↓種と分類が細かくなる。★ 我々ヒトは動物界、哺乳綱、霊長目（サル目）、ヒト科、ヒト属（ホモ属）のヒトという種だ。

なお、分岐分類学ではもっと細かい用語があるが、読んでいるみなさんだけでなく書いている私も寝そうになるので割愛する。興味のある方は調べてみてほしい。

★ 亜種という言葉を聞いたことがあるかもしれない。これは種の下、「別種というほどじゃないが同じでもないなあ」というカテゴリー。無敵のカワイさでメディアを荒らしまくった鳥界のアイドル、シマエナガは、エナガの北海道産亜種である。種としてはエナガと同じ。

鳥の場合は動物界、鳥綱となる。鳥類は世界に1万種あまりがいることになっている。分類の考え方によって幅があるが、2022年時点の国際鳥類学会議（IOC）の資料では1万1000種程度としている。

その中にはツル目、ガンカモ目、ワシタカ目、ブッポウソウ目、スズメ目なんかがあるが、鳥類の半分以上、実に6000種あまりがスズメ目に属している。身近な鳥でもスズメ、ツバメ、セキレイ、ヒヨドリ、ムクドリ、ウグイスなんかは皆スズメ目だ。なお、「スズメ」目なのは代表的な種として分類名に使われただけで、別にスズメが原型とかいうわけではない★。

スズメ目の中には多数の科があるが、その中にカラス科がある。このグループにはカケス属、カササギ属、オナガ属、ホシガラス属、カラス属などが含まれ、約140種からなる。この中のカラス属の鳥たち40種あまりが、狭義の「カラス」である。カラスとは「カラスの仲間」であって、単一の種を指すわけではない。

カラスが40種もいるというと驚かれるかもしれないが、日本だけでもカラスは7種確認されている。ハシブトガラス、ハシボソガラス、ワタリガラス、ミヤマガラス、コクマルガラス、ニシコクマルガラス、イエガラスだ。

このうち、ワタリガラス、ミヤマガラス、コクマルガラスは冬になると日本に渡ってくる冬鳥である。ニシコクマルガラスとイエガラスは「見つかったことがある」というだけで、本来は日本には分布しない。このような「迷子ですか？」という鳥は迷鳥と呼ばれる。ニシコクマルガラスの分布はロシア西部からヨーロッパ、イエガラスの自然分布はインドから東南アジアだ（人為的な、あるいは船に密航してと思われる分布は中東やアフリカにもある）。

……ということになっていたのだが、国際鳥類学会議の近年の分類によると、コクマルガラスとニシコクマルガラスの2種はカラス属ではないということになってしまった。カラスにごく近縁だが、この2種はコロエウス（*Coloeus*）属となっている（まだ和名は決まっていない）。この本ではこの分類を採用して「日本のカラスは5種」としておく。私は普段は日本鳥類目録に準拠し、さらに昔のよしみで「コクマルもニシコクマルもほぼカラスだからカラスでいいじゃん」という態度なのだが、この本については別扱いする理由がある。それについてはあとで。

★ 哺乳類の分類ではかつて食肉目と呼んでいたものをネコ目と呼び換えている（☆）が、これも同じ。別にネコが基本形というわけではない。ネコは前を向いた目や引き込み可能な爪などを進化させており、相当に特殊化している。

☆ 1988年に文部省が「一般人が理解しやすいように」と指導したせいだが、余計わかりづらい。

日本で繁殖しているのは2種、ハシブトガラスとハシボソガラスだけだ。この2種は通年日本に滞在している。★よって、私たちが普段「カラス」と呼んでいるのはこの2種のどちらか、あるいは両方である。この2種は好む環境や採餌行動が多少異なるが、お隣さんとして暮らしていることも多い。ただし、雑種ができることはない。

カラスといってもその生息環境や生活は様々である。カラスは南極、南米、ニュージーランドを除く全世界に分布している。ゴビやサハラのような砂漠のド真ん中にはさすがにいないが、その周辺の乾燥地には分布する。湿潤な森林は全く平気だ。北極圏のような高緯度地域に住むワタリガラスもいれば、赤道地域にも暮らすハシブトガラスやムナジロガラスだっている。

カラスは黒い、というのも実は間違いだ。カラスの中にはクビワガラス、ズキンガラス、ムナジロガラスのように白黒、あるいは灰色／黒のものがいる。ただ、大半のものは黒いので、「だいたい黒い」と思っていても間違いではない。赤や青など、派手な有彩色のカラスはいない。カラス科にはルリカケスやヤマムスメのように真っ青なものがいることを考えると不思議ではあるが。

なお、先に述べたカラスの生息環境の広さからおわかりかと思うが、すべてのカラスが人間の近くでゴミ漁りをしているわけではない。実際、日本の山中にだってカラスはいる。

ハシブトガラス

ハソボソガラス

屋久島の最高峰、宮之浦岳にもハシブトガラスはちゃんといた。周囲10キロ以内に人家はないところだ。そもそも、街中でカラスが我が物顔にゴミを漁っているのは、日本くらいである。大型のカラスに頭を蹴られるのも日本特有、あとはせいぜい、(聞いた話だが)ウラジオストクなどロシア沿海州くらいだ。世界的には、カラスはたとえ市街地にいるとしても、もう少し人間から離れて暮らしている鳥である。

そのへんは日本が特異的ともいえるのだが、その理由はよくわかっていない。おそらく、カラスの習性と日本人の態度と、そして人々が作ってきた国土の風景とが絡み合っているのだとは思う。

さて、本書のテーマである「世界からカラスが消えたら」は、分類学的にいうと「世界からカラス属が消えたら」であると考える。そして、まずは日本からカラスが消えたらどうなるかを考えよう。世界のカラスを消してしまうことにすると、ちょっとフォローしきれないからだ。

コクマルガラス、ニシコクマルガラスを「カラス属ではない」としたのも同じ理由である。カラス属から外してしておけばこの世から消さずに済み、考えなければならない変化も少し減らせるからだ。

カラスは生態系におけるコンビニ？

さて、さっそくだが、生態系からカラスが消えたら？　を考えよう。

考えてみたのだが……残念ながら、そこまで壮大な物語にはならなさそうである。というのも、カラスにしかできないことが、あまり思いつかないからだ。いや、明日にもすごい論文が出るかもしれないわけだが、これまでのところそういう研究はない。

だが、カラスの食性の幅を考えれば、あらゆるところにチョコチョコと顔を出しているのも事実だろう。「もしコンビニが潰れたら」みたいな感じで考えればいいだろうか。弁当は弁当屋で、日用品はドラッグストアで、現金を下ろすなら銀行のＡＴＭで、それぞれ用は足りるのだが、「とりあえず一軒あれば全部賄《まかな》える」という便利さと手広さがコンビニの真髄である。

カラスは本当に、なんでも食べる。糞を調べると小さな昆虫の翅《はね》、アリの頭、カナブン

★ただし、沖縄ではハシボソガラスは冬鳥ということになっている。もっといえば、他の地域でも一部の個体は移動している可能性がある。一例を挙げれば、北海道で春の渡りの時期に、根室半島から水晶島のほうに飛び出していくハシブトガラスの一団が見られるという噂を聞いたことがある。そのまま飛べば色丹島、択捉島から千島列島だ。どれくらい移動したら渡りなのか、という点については明確な基準がない。

の鞘翅《しょうし》のかけら、果実の種子、小さな骨なんかが出てきたことがある。大規模に調べた例としては1960年代に発表された報告★があり、これによると同定できたものだけで植物70種以上、昆虫100種以上に達する。

まず、カラスの隠れた主食である果実類。

カラスは果実食者としての側面があり、公園でもサクラやクスノキの実を食べているのが観察できる。クワ、ヤマモモ、エノキ、ムクノキ、センダン、カラスザンショウ、ナンキンハゼなどもよく食べている。実際、池田による報告では、胃内容物に占める果実種子はハシブトガラスで44%、ハシボソガラスで18%だった。もちろんこういった食性の内訳は季節によっても違う。またこの結果は餌の個数(個体数)比でカロリー比ではないし、農地にいたカラスに偏ってもいるのだが、どうだろう？　思ったより果実を食べていたのではないだろうか。

果実は意味もなく甘い果肉を発達させたり、赤やオレンジの派手な色をつけたりしているわけではない。これはすべて、動物に食べて種を運んでもらうための報酬であり広告である。だから、果実を食べる鳥がいないと植物も非常に困る。

無論、果実食の鳥類はカラスだけではない。日本で普通に見られる鳥の中でも、ヒヨドリ、ムクドリなんかは果実を常食する部類だ。ハトも果実をよく食べる。冬限定になるが、渡ってきた直後のツグミも、果実をよく利用している。だから、カラスがいないからといって種子の運び手がいなくなるわけではない。カラスがいないぶん、他の鳥が数を増やし、せっせと運んでくれればいい。

だが、カラスでないと運べなさそうな果実もあるのだ。

例えば、カキとビワ。もちろんヒヨドリやムクドリも喜んで食べるのだが、カキもビワも果実が大きすぎて、持ち去ることはできない。樹上でつつき回して穴を開けて食べているだけだ。丸呑みしないので種子を運ぶこともない。第一、種子が大きすぎて小鳥の喉を通らない（一応、ヒヨドリがキンカンを丸呑みするのは見たことがあるので、頑張れば種は呑めるかもしれない。ただ、種だけ呑んでもヒヨドリにはメリットがないので、無理に頑張る理由もない）。

これがカラスなら、果実を丸ごとくわえて飛んでいくし、どうかすると種ごと呑んでくれるので、親木《おやぎ》から離れたところに種子を散布してくれるのである。この「離れたところに」というのが重要で、親木の下に落ちるだけなら、何も凝った果実など作らなくていい。

★ 池田真次郎．1957．カラス科に属する鳥類の食性に就いて．鳥獣調査報告第16号．農林省

単純に種子を上から落とせば済むのだ。

種が親木のすぐ下に落ちた場合、そこは「親木が育ったくらいだから、成長に適した場所だろう」というメリットはある。だが、親木の真下では日光が陰ってしまい、成長には不利な場合がある。また、山火事、崖崩れ、病害虫の発生などでその生育場所が失われた場合、一族郎党全部死に絶えることになる。逆に遠くに種子を落とされた場合、そこが生育に適した場所だという保証はない。1個や2個ではなく、多くの種子をばらまいておけば、一部は運良く育つだろう。このように子孫を分散させてリスクヘッジしておくのは植物の戦略である。

実際、東京で線路沿いに不自然に生えているビワはカラスが運んでいるのでは？　という研究さえある。★

となると、カラスがいないと日本のビワは打撃を受けるのでは？

ただし、タヌキ、ハクビシン、アライグマ、ニホンザルもビワやカキをよく食べる。特にハクビシンとサルは樹上に登って果実を食べることも多い。彼らも種子散布に貢献しているはずだ。彼らがいれば大丈夫か？

ところが、今度は分布地域の問題がある。ビワは本来、西日本に自生していた植物である。ハクビシンの分布の中心は東日本だ。四国、九州にも断続的に分布するが、本州西部では、サル以外のビワの種子散布者がいなくなってしまう。タヌキは落果を食べるだろうし、ある程度は木にも登れるのだが、鳥類やハクビシンほど自在に高いところへは食べにいけない。

あと、ハクビシンはおそらく、移入種である。かなり古い時代に入ってきた可能性は高いが、ビワの歴史よりは浅いのではないか。実のところビワ自体が中国南部原産で、古代に日本に持ち込まれたものらしいので、こうなると「自然分布ってなんでしたっけ」の世界ではある。

何にしても、カラスがいないと野生化したビワは広まりにくい可能性が高い。

また、カキ（種名としてはカキノキ）は日本と中国が原産で、もともと日本に自生していたものだ。これを散布するのも、おそらくカラスである。ビワと同様にタヌキ、ハクビシン、ニホンザルも散布してくれるとはいえ、カラスがいないと飛行可能な種子散布者を失うという大きな損失がある。

ちょっと珍しい例として、カラスはソテツの実を食べる。ソテツの実は赤くてそこそこ

★ T. Yoshikawa, H. Higuchi 2018. Invasion of the loquat Eriobotrya japonica into urban areas of central Tokyo facilitated by crows. Ornithological Science. 17(2)pp165-172

目立つのだが、さりとて何か鳥が集まって食ったりしている印象もないのではないか。ソテツは中生代に繁栄した植物で、当時は恐竜が種子散布していたのかもしれない（これは冗談ではない）。で、現代ではというと、沖縄でカラスが食べていたという報告がある。[★1]

実際、私も先島諸島で2度ほど見た。カラス以外にはネズミが種子散布する例が指摘されているが、空を飛べる散布者としてはカラスが関わっているだろう。ただ、ソテツの種子には毒があるので、食べるのは果皮部分だけだと思われる。

カラスはイチョウの実も食べていることがあり、ひょっとすると、イチョウの種子散布にも貢献しているかもしれない。

さらにいえば、南日本に分布するクワズイモというサトイモの仲間の種子も、カラスは運んでいる。クワズイモには毒があってあまり動物が食べないのだが、[★2]鳥と哺乳類では生理機構が違うし、種子を噛み砕くかどうかも違うので、少なくともカラスは平気なようだ。

ということで、一部の種子散布には影響があるのではないか？

カラスが絶滅した常夏の島

さて、カラスが絶滅した場合の実例はあるかというと、一応ある。

ハワイには固有種であるハワイガラス（Hawaiian Crow, *Corvus hawaiiensis*）という鳥がいた。全長46センチくらいというから、小柄なハシボソガラスくらいだ。系統的にはミヤマガラスに近いと考えられている。

この鳥はハワイでは最大級の雑食性鳥類で、様々な果実を食べて種子を散布していた。種子の中には鳥の消化管を通らないと発芽しにくいものもあるので、そういう植物にとっては繁殖に必須のパートナーだったはずだ。

ところが、ハワイが「開拓」され、プランテーションが始まると森林が伐採された。ハワイガラスはカラスにしては珍しいが、人間に近づいて餌を得る、ということをしなかったようだ。そのために住処を失い、さらに農業被害があるとして駆除されてしまった。おまけに1826年にイエカの一種がハワイにもたらされ、さらに海外から様々な鳥が持ち込まれた結果、蚊によって媒介される鳥マラリアが蔓延《まんえん》した。鳥マラリアは鳥類の病気で、普通、それほど重篤な症状は引き起こさない。だが、残念ながら病気のないハワイ島に隔

★1　石田仁．1985．ハシブトガラスによるソテツの種子散布の観察（英文）．沖縄生物学会誌 1985-03(23)29-32

★2　この植物、葉っぱも有毒である。先輩に「ひとかけら噛んでみろ、ただしすぐ吐いてね」と言われて試したところ、口の中を刺しまくられるような痛みが広がった。すぐ吐き出したが痛みはしばらく続き、それどころか舌が痺れて10分ほど喋れなくなったことがある。真似はしないほうがいい。

離されて進化した鳥たちの多くは鳥マラリアへの耐性を失っており、極めて深刻な影響を受けた。

結果として、ハワイガラスは激減。2002年頃を最後に、野生個体は確認されていない。そして、ただでさえ開拓によって破壊されているハワイの原植生は、有力な種子散布者を失ったままなのである。そのせいもあって、ハワイでは人工飼育されているハワイガラスの野生復帰プログラムが進行中だ★。

ところが、カラスの野生絶滅によってハワイの自然がどれだけ影響を受けたか、が明確でない。カラス以外の自然も改変され尽くしたので、どれがカラスの消えた影響なのかわからないのだ。ということで、この件は今のところあまり参考にならない。ただ、もしハワイに過去の自然を回復させたいなら、種子散布者であるハワイガラスはいてほしいだろう。

昆虫についていえば、カラスは捕食者として昆虫の個体数にも影響しているはずだ。もちろんカラスがいなくなっただけで何かが大発生するほど激変する、ということはないかもしれないが、公園のサクラなんかはそれなりの影響を受けるかもしれない。サクラにはモンクロシャチホコという大型の毛虫がつくが、これを大喜びで食べているのはカラス、そしてムクドリだからだ。樹木は葉を食われても——それこそ食い尽くされるほど食われても――すぐに枯れるわけではないが、影響はある。光合成を行う葉が減るということは生産力が減ることだからだ。同時に葉をたくさん保持するコストが減ることでもあるのだが、生産量が減れば成長や開花、結実に回す余力が減ってしまう。経営不振の企業と同じで、潰れないとしても新規に事業を立ち上げることはできない。

このように、カラスは生態系の構成者であり、様々な場面に顔を出す存在でもある。それはつまり、「カラスがいなくても生態系がガラガラと崩れ落ちたりはしないと思うが、何らの影響もないということもないだろう」ということだ。

いや、どうも歯切れの悪い言い方であることは自分でもわかっているが、カラスがいないことで何かがまるっきり変わるかというと、そこまでじゃないだろうな、とも思うのである。ここで無理にカラスを推すのも科学的に不誠実だ。だがそれは同時に、そのような

★ ハワイのほか、サンディエゴ動物園でも人工繁殖させている。サンディエゴで野生復帰のため自然状態に近いフライングケージに移したところ、いきなり枝を拾って道具を作り始める、というサプライズまであった。実験条件下でなく、自発的に道具を作ったカラスはカレドニアガラスに次いで2種目。なお、カレドニアガラスはスンダガラスなどと近縁と考えられており、ハワイガラスとはそれほど近しい系統ではないので、道具使用が見られる系統が決まっているというわけではない。

マルチプレイヤーの身代わりを探すのが結構難しそうだ、ということでもある。

と、このように生態系の中でのカラスの役割を概観してみた。これは自然界だけでなく、我々にも関連することである。

カラスの食性や行動が、人間のカラスに対する印象を決定付け、それが数々の神話や俗説を生んだことは間違いない。「カラスが屋根に止まると縁起が悪い」というのはアジアに広くある感覚だが、これは当然、カラスが死肉を——行き倒れた人間の死体であっても——餌にすることと関連するはずだ。このような印象は古くは神話として、近年でもカラスに対するイメージとして、強固に人間の生活に関わっている。

また、そういったイメージは当然、人間の創作活動にも投影される。当たり前だが、不吉なシーンを描くなら不吉なイメージを持った何かを登場させるわけだ。「枯れ木、墓場、カラス」と「お花畑、白い家、小鳥」のどっちが怖いかを考えればわかるだろう。このへんは自然科学的なカラスの実態とはかけ離れた部分もあるのだが、それはそれとして、「人間が思い描いてきたイメージの歴史」としては事実である。

ということは、カラスがいなければ、人間の作り出した文化も影響を受けるはずなのだ。よくも悪くも、カラスはそれくらい人間に身近な存在だったのである。

ところで、最近知った話。

カラスは水域と陸域をまたぐ物質循環にも関わっている。例えばサケだ。

サケは川で孵化《ふか》し、海に降《くだ》って数年育ち、川を遡上《そじょう》して産卵すると生涯を終える。つまり、サケの体は海の栄養でできている。

そのサケをクマが食べ、サケの死骸をオジロワシやカモメやカラスやハエが食べ、陸上に暮らすことで、サケの体を構成していた栄養分は陸域に移動する。水中で死骸が朽ちていく場合、河川の栄養になる。河川ではサケの稚魚が育つし、水生昆虫も育つ。羽化した水生昆虫の一部は小鳥の餌となり、これまた陸域の栄養分となる。回り回って、サケの運んだ海の栄養は森や川を育てている。実際、サケ由来の海洋の栄養分が河畔林《かはんりん》を育てている、という研究もある。[★1] 取り込まれた分子がどこから来たかなんてわかるのか？　と思うかもしれないが、物質の由来は安定同位体比から推測できる場合があるのだ。

さらに、アメリカ北東部ではサケの死骸を食べる動物として、カラスがかなり重要とのこと。[★2] ほかに猛禽類（ハクトウワシなどだろう）、カモメ類もいるのだが、カラスの強みは人間が近くにいても平気なことと、死骸がなければ他の餌を食べて生きていられることだそうである。サケの死骸が増える時期になると大活躍する、いわば「すごく頼りになるパートさん」がカラスなのだ。これが死骸専食だったら、死骸の少なくなる時期に合わせて個体数が限定されてしまう。
このように、カラスは海と陸をつなぐ、生命の循環の担い手でもあるらしいのである。

★1 T. C. Kline et al. 1990. Recycling of Elements Transported Upstream by Runs of Pacific Salmon: I. δ 15 N and δ 13 C evidence in Sashin Creek. Southeastern Alaska, Canadian Journal of Fisheries and Aquatic Sciences, 47:136-144

★2 Susan K. Skagen et al. 1991. Human Disturbance of an Avian Scavenging Guild. Ecological Applications. Vol1(2): 215-225

第2幕

生物の進化史からカラスが消えたら

最初からカラスのいない世界

前章では「生態系からカラスが消えたら」という未来図をちょっと描いてみた。だが、これは「すでに成立している系からカラスというピースを抜いたら」という意味だ。もう一つの考え方として、生物の歴史の中に、最初からカラスがいなかったら？

進化史の上でカラスを消してしまった場合、何か他の鳥がカラスのいた生態学的ニッチを占める可能性が高い。誰も使わない資源や、誰も手を付けていないサービスがあったら、その商機を逃さずなんらかの業種が発生するのと同じである。

例えば、オーストラリアでは有袋類《ゆうたいるい》が多様に進化した。その様相は、奇妙なほどオーストラリア以外の世界——つまり有胎盤類《ゆうたいばんるい》（有袋類と違い、胎盤があって子宮で長期間子供を成長させる、「普通の」哺乳類）の世界に似ている。

オーストラリアにはオオカミやコヨーテの代わりにフクロオオカミ（タスマニアンタイガー）がいた。小型の捕食者としてはフクロネコがいるが、これはテン、イタチといった種に相当するだろう。草原性の大型の草食動物としてはカンガルーがいるし、小型で雑食性の、つまりネズミなんかに相当するものとしてバンディクートがいる。ご丁寧にも、手足の間に皮膜を広げて滑空するフクロモモンガ、土中に巧みに穴を掘るフクロモグラなんて動物までいる。

それを考えると進化を巻き戻してやり直すような実験をした場合、全く同じメンバーが揃うわけではないとしても、「だいたいそんな感じ」「そのへんの役割」みたいな生物が進化し、ニッチの空きを埋めていく可能性は高いだろう。

それはつまり、カラスが進化しなくても、中型から大型で雑食の、時に死肉食を行う鳥が何か進化したのではないか、ということだ。ひょっとしたら一つではなく、複数のグループでその立ち位置を分け合うかもしれないが。

ということで、ここからは無理を承知で、何がカラスの代役になり得るか考えてみたい。知的な遊びとしても面白い……もしくは牽強《けんきょう》付会《ふかい》だが、そうやって考えることで、「カラスは何をしているか」「それを埋め合わせるにはどれくらい無茶をする必要があるか」といったことも、浮かび上がってくるかもしれないからだ。

まず、前提条件として、カラスがいつ進化したかを調べてみると……ハイ困りました。鳥類は骨が脆《もろ》いため、あまり化石が残らないのである。

だが、大枠で現生鳥類の進化はわかってきている。現生鳥類の元になった新鳥類（ネオアヴェス）は７０００万年ほど前、現在の南米あたりにすでに存在した。この時代はゴンドワナ超大陸がまだ分離しきっておらず、南米・オーストラリアがつながっており、ユーラシアもまだ完全に分離していなかったので、オセアニアやユーラシア方面にも鳥たちは広まることができた。その後、スズメ目の多様化が進んだのは始新世（５６００万年から３４００万年前）の終わり、３千数百万年前。カラス上科はこの頃から分岐していたと考えていいだろう。その一方、ヨーロッパとアメリカでカラス属に共通性があまり見られないことを考えても、始新世にはまだカラス属が進化していなかった可能性が高い。始新世はヨーロッパとアメリカが比較的近い位置にあり、生物の行き来があったので、この頃にすでにカラスがいたなら、両大陸に共通のカラス属がいておかしくない。現在、ユーラシアからアメリカに共通に分布するカラス属はワタリガラスだけだ。ハヤブサやミサゴと同じく超広域分布種で、飛ぶのが得意な種である。[★1]

一つ注意しなくてはいけないのは、南米にはカラスが分布しておらず、かつて分布した証拠もない、ということだ。よって、カラス類の先祖はオセアニアからアジア方面で生まれたもので、そのときもう南米は分離して孤立した大陸になっていた、と考えるほうがよさそうである。ということで、ざっくり「カラスのご先祖の歴史は何千万年単位」なのは確かだろう。カラスの種数が多いのはアジアだが、カラスに近縁な鳥たちはむしろオーストラリア方面に多い。カラスそのものが他から分岐したのはオセアニアではないか、その後アジアからヨーロッパにかけて進出しながら様々に進化し、種数を増やしたのでは、という推測はできる。

カラス科と思われる化石は、ヨーロッパや北米からいくつか出ている。古くに発見されたものとしては1871年に記載されたミオコルヴス・ラルテチ（*Miocorvus larteti*）の化石がある。これはヨーロッパで発見され、1700万年から320万年前、おそらくは中新世の鳥だ。★2 中新世というのは新生代（つまり恐竜が滅びたのち、現代までの時代）のうち、約2300万年前から約500万年前までを指す。

このミオコルヴス、残念ながら頭骨などは見つかっておらず、どの程度カラスっぽい暮らしをしていたかは不明だ。足指などを見ると樹上性ではあったようである。

中新世には世界の大陸の配置は現代とあまり変わらなくなっている。ヨーロッパアルプスを作り上げた造山運動も、この時代のものだ。ヒマラヤ山脈は漸新世《ぜんしんせい》にインドがアジア

★1　カラス科の中ではカササギが新旧両大陸に分布する
★2　Mourer-Chauviré, C. C. (2004). "Cenozoic Birds of the World, Part 1: Europe". The Auk. 121 (2): 623–623.

に衝突し、そのまま中新世以後もグイグイ押し続けた結果できた、いわば「大陸のシワ」である。

一方、北米と南米はまだ離れている。また、ユーラシアと北米が何度か地続きになったので、大陸間で動物の行き来が起こった（これはこの後にも起こっているが）。

このときにユーラシアから北米へとカラスの祖先も移動したのだろう、中新世末期から鮮新世《せんしんせい》になるとアメリカでもカラス科の化石が見つかる。鮮新世は約500万年前から約260万年前までだが、この時代の最後、300万年ほど前に南北アメリカ大陸が合体し、両大陸の生物が行き来するようになる。

してみると、カラスのいない歴史を考えるなら、ミオコルヴスのあたり、ざっと1500万年くらいまで歴史を遡《さかのぼ》って改変すればいいだろう。

理屈を重ねて未来を空想する

もし○○だったら未来は——。こういうifを駆使した著作はいろいろある。時間旅行ものSFなんかもそうだし、仮想的な歴史を描いた作品もある。例えばフィリップ・K・ディックの『高い城の男』は枢軸国が第二次大戦に勝利し、分割統治されたアメリカを舞台としている。その現代版といえる設定なら『ユナイテッド・ステーツ・オブ・ジャパン』だろうか。一時期、やたらと量産された仮想戦記というのもあった。あまりに杜撰《ずさん》で荒唐無稽なものは戦史マニアや兵器マニアに「火葬戦記」と揶揄《やゆ》されもしたが。

生物関係でこれをやると、例えばドゥーガル・ディクソンの『アフターマン』。これは5000万年後の世界を空想したもので、ずいぶんと奇妙な生物が登場している。例えば、この世界では大部分の哺乳類が絶滅しているが、肉食性げっ歯類や、蹄《ひづめ》を持った大型のウサギは生存している。海には鯨類なみに巨大化したペンギンがいる。なかでも奇怪なのは、孤立した島嶼《とうしょ》にたどり着いて進化したコウモリだ。

彼らは捕食者もライバルもいないため、存分に適応放散できた。その中で地上性の捕食者に進化したという設定なのが、ナイトストーカーと名付けられた種である。詳細は同書を読んでほしいが、翼であった前肢《ぜんし》を歩行に使い、肩越しにえいやっと体の前まで伸ばした後肢を手の代わりにする、というアッパレな方法で地上に適応している。そんなまさか、と思うかもしれないが、現実に、捕食者のいない島ではコウモリが地上をペタペタ歩いて虫を食べていたりするのだ(『鳥類学者、無謀にも恐竜を語る』川上和人)。ならば、狙う相手を虫に限定する必要はない。地上でもより機敏に動き、攻撃力をアップできるならば、もっと大型の獲物も狩れる(実際、ナイトストーカーは体高1・5メートルという設定)。ニッチとしての理屈はちゃんとしているのだ。ヨガのポーズみたいな姿勢はびっくりだが。

ただし、ツッコミたいところもある。まず、コウモリの後肢は180度反転した状態になっており、脚をピンと伸ばして仰向けに横たわった場合、足の裏が上を向く。これは天井からぶら下がるための適応なのだが、そのまま脚を頭のほうへ伸ばした場合、捕獲のための器官が、手のひらを上に向けたポジションになってしまう。むしろ地面に押さえつけるほうにしたいのでは？　ということで、ナイトストーカーはせっかく進化した特殊な脚をもう一回、半ひねりして元に戻す必要があったはずだ。面倒な。

もう一つ、ナイトストーカーはコウモリであったことを強調するためか、目が退化している。ということはエコーロケーションで獲物を探すわけで、夜になると金切り声を上げて歩き回るのだそうである。

エコーロケーションとは音波を発振し、周囲の物体からの反射を捉えてその存在を知る方法である。相手のいる方向からは音が跳ね返ってくるから、存在が探知できる。また、音が戻るまでの時間で距離がわかる。空気中での音の速度は毎秒約340メートル、仮に5メートル先にターゲットがいる場合、発した音波がターゲットに到達し、跳ね返って戻るまでに10メートルの距離を進んだことになる。その時間はわずか0・03秒だが、コウモリはそのレベルの時間差を精密に計測しているわけだ。

だがしかし。問題は地上でこういった方法が役にたつか、だ。

人間が多用する技術にレーダーがある。レーダーは音波ではなく、電波を発振してその反射でターゲットを探す技術だが、原理はよく似ている。これを例に考えてみよう。戦闘機はレーダーを積んでいる。戦闘艦もレーダーだらけだ。ところが、戦車には基本的に、レーダーがない。[★1]レーダーは障害物に弱いからだ。

空中でレーダーを使うことを考えよう。ターゲットに当たらなかった電波は虚空に消えてしまい、ターゲットに当たって反射した電波だけが帰ってくる。よって、反射があればそれがターゲットだ。海の場合も、背景は空だったり、せいぜい波だったりする程度だろう。海上に突き出した、波とは違う反射を返すものがターゲットだ。ところが地上ではターゲットの背後にある様々な物体が、様々に電波を反射させてしまう。つまり「そこら中どこを見ても何かあります」という結果になってしまい、その中からターゲットを見つけるのが難しいのである。[★2]

★1　戦車のアクティブ防御システム（飛来する対戦車ミサイルなどを探知して迎撃する装置）にはレーダーを使うものがあるが、今のところ限定的。

★2　自動車の危険回避システムにはミリ波レーダーを使うものもあるが、あれは近距離に何か反射するものがあれば反応する（相手がただの壁か、壁の前に人間がいるのか、という区別は特に求められない）という仕掛けなので成立する。その中から人間を探せと言われたら画像認識が必要になるだろう。

これは音波を使うエコーロケーションでも同じだ。つまり、ナイトストーカーが接近したらむやみに動いてはいけない。岩でも木の幹でもいいが、ぴったりと体を寄せてその表面と同化し、じっとしていればいい。

実際、昆虫の中にはコウモリの出す超音波を探知すると、木の幹などに止まってやり過ごそうとするものがある。コウモリのほうも表面を舐めるように飛びながら超音波を発振し、出っ張ったものを探知しようとしたりするが、背景に埋没するように隠れていたら見つからないだろう。

では、獲物がそういう捕食者対策を取り始めたら、地上性コウモリたちはどうすべきだろうか。

思うに、ナイトストーカーの一番の問題は自分で大声を出して接近を知らせてしまっている点だ。

フクロウは闇夜であっても、音だけで獲物の位置を正確に把握して捕獲できる。しかも飛行中に音を立てない。フクロウ類の風切り羽前縁には鋸歯状《きょしじょう》の構造があり、これが渦《か》流《りゅう》を発生させることで気流の剥離《はくり》を防ぎ、羽音を立てないようになっているからだ。フクロウは自分の餌探知を邪魔しないよう、さらに音で獲物に気づかれないよう、無音で飛ぶのである。

メンフクロウの音源定位能力を調べると、左右2度以下のズレしかないという研究がある。角度にして2度のズレというと、10メートルの距離でも直径7センチの円内まで絞り込める。[★1] ただ、距離の測定はおそらく、できない。音の大きさで経験的に判断するか、ぼんやりとでも地表面が見えているか、あるいは縄張り内の地形を完全に覚えているかだ。ナイトストーカーもこの方法なら獲物が獲れる。獲物にも気付かれない。

なんなら、ナマズのヒゲのような器官を何本も発達させ、これを振り回して相手との距離を測る、という手もある。相手に触った瞬間、その位置と距離が把握できるから、そこを狙ってアタックすればいい。[★2] だが、いずれにしても相手の位置が確認できないと、手探り状態でヒゲを振り回して無闇に歩き回るしかない。

私がおすすめしたいのは、相手の裏をかいて視覚を使うことだ。実のところ、コウモリだって全く目が見えないということはない。薄暮のときは視覚をかなり利用していること

★1　人間の耳も条件次第でフクロウくらいの音源定位ができるとも。自分でも鳴いているオオルリの位置を耳だけで予測し、そのあとで双眼鏡で探して確認する、という実験をしてみたことがある。思ったより高精度だったが、水平方向で5度弱、という感じだった。周波数帯など状況にもよるだろうが、フクロウには及ばない感じだ。垂直方向の精度はさらに低く、20度か30度くらいあると感じた。

も示されている。実際、昆虫との競争の果てにエコーロケーションを諦めて視覚を使うように進化したコウモリだっているのである。

ということで、ナイトストーカーを避けるつもりで藪や壁にひっついてじっとしている獲物を目で探して襲いかかるタイプの捕食性コウモリも進化するだろう、と予言しておく。この生物は発達した目を持っているはずなので、バグアイド（Bug-eyed）とでも名付けておこう。

バグアイドにエコーロケーションの必要はないが、獲物に動きを止めさせるため、ナイトストーカーそっくりの声を出すのも手だ。「ナイトストーカーだ！」と思ってじっとしていると、こいつに目で探されて捕食されるのである。ただし、この戦略はナイトストーカーが多くないと成立しない。バグアイドの割合が増えると、餌生物がバグアイドに遭遇する機会も増える。よって鳴き声を聞いた瞬間に「バグアイド来た！」と逃げ出してしまうほうが有利になる。もちろん、それで見えなくなるわけではないが、逃げる相手を捕まえるのは難易度が上がる。またライバルたるナイトストーカーにも獲物を探しやすくなってしまう。よって、バグアイドが繁栄するに従って、むしろこの「ナイトストーカー成りすまし作戦」は廃れるであろう。

餌のほうはどうすべきか。捕食者を的確に見分けて逃げ方を変えるのも手だし、どちらにも有効な方法として、物陰に隠れたり、地中に潜ったり、樹上に逃れたりもするだろう。すると捕食者のほうはより素早く襲いかかるようになるだろうし、巧妙に待ち伏せしたりもするだろう。つまり、ごく普通に捕食者と被食者の競争が始まるわけだ。

妄想が暴走しているといえばそれまでだが、こういう世界を考えることだって、できるのである。

★2　音だけで「狩り」を行う兵器といえば潜水艦。ソナーにはアクティブソナーとパッシブソナーがあり、潜水艦が通常使うのはパッシブソナー、つまり、ひたすら聞き耳をたてる方法だ。発射された魚雷はターゲットに接近したらアクティブソナーを使い、こちらから音波を発振し、その反射波を捉えて命中するまで追い続ける。命中したら爆発である。ナイトストーカーの場合、口を開けて噛みつきにいくために、衝突する前に相手の居場所を確認しておきたい。ということで考えたのが「ナマズのヒゲ」なのだが、手で歩きながら脚を前に伸ばし、さらにヒゲを振り回しながら追ってくるコウモリを想像したら相当に気色悪かった。ナイトストーカーどころか単なるナイトメアだ。

カラスの~~身代わり~~代役候補たち

代役候補０：血縁者はダメですか

この世界にはカラス属がいない、という仮定を置いた。ということはカラス属以外のカラス科はオーケーだ。ここにはカケス、サンジャク、カササギ、オナガ、ホシガラス、キバシガラス、コクマルガラスなんかが含まれる。

この仲間、生活史は概《おおむ》ねカラス的である。

食性はだいたい雑食。住んでいる場所によって変化はするが、果実もドングリも食べるし小動物も食べ、時には他の鳥の巣を襲って卵や雛を食べるネスト・プレデターでもある。

高山性のキバシガラスは崖などにも営巣するが、これはワタリガラスもやるし、ハシブトガラスも海岸部で崖に営巣した例を聞いたことがある。ハシボソガラスにいたっては（稀なことだが）地上営巣の記録すらある。巣の形もだいたい、皿形のオープンネストだ。カササギが大きなボール状の閉じた巣を作る程度である。ということで、カラス属がいなければ、他のカラス科が大型化し、速やかにそのニッチを埋めるだろうし、生活史もそんなに変わらないだろう……という予測が一番真っ当である。

一番ズルい手は、コクマルガラスとニシコクマルガラスが大型化し、まるっきりカラスになったくせに「僕らはコロエウス属だからカラスじゃないもーん」と嘯《うそぶ》く場合である。そりゃ「ほぼカラス」なんだからカラスになるのも簡単だよ。それじゃつまんない上になんか腹たつでしょ。

よってこの案は却下としたい。せっかくだからもう少し遊びたいではないか。

カラス科よりも広く、カラス上科ならどうだろう。上科というのは分類学者でもないとあまり使わない分類単位だと思うが、ざっく

カケス
ドングリの貯食で知られる「カラス属以外のカラス科」の一角を占める鳥。

りいえば「もう少し範囲を広げれば、このへんもカラスの仲間だよね」というものだ。その中にも「狭義のカラス上科と広義のカラス上科」があり、その分類の妥当性については今も評価が定まらないのだが、例えば狭義のカラス上科、「まあこれはかなりカラス科に近いでしょうよ」という仲間を見てみよう。

この仲間はモズ科、オウチュウ科、オウギビタキ科、カササギヒタキ科、オオツチスドリ科、フウチョウ科となっている。聞き慣れない鳥の名前が続いたと思う。オウギビタキ、オオツチスドリ、フウチョウの3科はオーストラリア近辺にしかいない。カササギヒタキ科はもう少し分布が広く、旧大陸にも分布する。日本だとサンコウチョウがこの仲間だ。オウチュウは旧大陸からアフリカにかけてわりと広く分布する。モズ科はご存知の通り、ユーラシアからアフリカ、北米まで広く分布する鳥だ。

もう少し広げて広義のカラス上科（まあざっくり「カラスの仲間」ではあるんじゃない？）まで入れるとモズヒタキ科、オーストラリアゴジュウカラ科、モズモドキ科、シラヒゲドリ科、コウライウグイス科が加わる。だが見事に日本では馴染みがないし、多くは世界的に分布するグループでもない。コウライウグイス科はヨーロッパ、アフリカ、アジア、オーストラリアと分布するが、南北アメリカにはいない。カラス科はワールドワイドという点で、相当に成功したグループなのである。

このへんを考えてみると……正直、ifすぎて想像が追いつかない。二股の尾をなびかせて飛び回るカラスオウチュウとか、飾り羽を振り立てたカラスフウチョウなんてのは見てみたい気はするが。

ということで、進化的に近いグループを縁故採用するのは却下としておく。ここではむしろ、「進化上の類縁関係なんかないのに、カラス的なニッチに進出するとしたら、誰があり得るか」を考える。「誰が面白いか」のほうに偏るかもしれないが、「面白えってのは大事なことだぜ」とラグーン商会のボス、ダッチも言っているから、良しとしよう[★1]。

もう一つ。カラス上科が進化した場合、予想外の問題が発生する恐れさえある。要注意なのはモズヒタキ科とコウライウグイス科だ。

コウロコフウチョウ
応援団のような求愛ダンス。フウチョウ類は個性的な鳥が多い。

この中には有毒な鳥が含まれるのだ。

1万種ほどもいる鳥類の中に毒を持ったものはいないとされてきたが、1990年になって、ニューギニアのズグロモリモズという鳥に毒があることがわかった。[★2] その後、近縁な5種が有毒だとわかった。もう2種に毒があることがわかったり、同種だったものがセパレートされたりしてさらに毒鳥は増え、2023年になって、さらに2種、アカエリモズヒタキとキエリモズヒタキも有毒であることが判明した。ということで、コウライウグイス科、モズヒタキ科の一部は毒を持つ可能性を否定できない。

彼らは餌生物（おそらくジョウカイモドキ科の昆虫）からホモバトラコトキシンという神経毒を取り入れて、皮膚と羽毛、そして肉に毒を溜め込んでいる。目的は捕食者に対する防御だろう。実際、現地の人々は「唐辛子のようにピリピリする食えない鳥」と認識している。

ということで、モズヒタキ科なんぞを代役にした場合、有毒にならないとも限らない。まあ、カラスを日常的に食べる文化はないようなので有毒でも困りはしないだろうし、有毒だからってその仲間が大繁栄して世界に広まっているわけでもないし、そもそも有毒な種はごく一部な上、今のところニューギニア限定なわけだが、仮に毒鳥がカラス的ポジションに収まった場合、現状のカラス以上に毛嫌いされるのは間違いないだろう。

そういう未来を想像するのはつらいので、やっぱり却下である。

代役候補１：スカベンジャー系の奴ら

スカベンジャーというカラスの一大特徴を考えると、真っ先に同じことをやりそうなのは同じく、死肉食性の強い鳥ということになるだろう。

これはちょっと難しいところがあって、捕食性の動物はその多くが死肉食も行う。生きた相手以外絶対に食べない、というほうが少ないのだ。極論すると多くの動物は、★3 餌が生きていようがいまいが関係ない、とまではいわないにしても、そこまで気にしていな

★1 『BLACK LAGOON』（広江礼威・小学館）より。タフで知的な変人。正体が気になるので続き読ませてください。

★2 中国の伝説には鴆《ちん》という毒鳥があり、この鳥の羽を盃に浸せばおそるべき毒酒となり、飲めばたちどころに死ぬという。ニューギニアの毒鳥は確かに羽毛にも毒があり、この伝説と合致するといえば合致する。ただし「羽毛1枚で人が死ぬ」ほどではないようだ。この鳥に毒があるとわかったのは、ある研究者が捕獲して標識中、噛まれたら異常な痛みと痺れを感じたからである。もしやと思って羽毛を舌に乗せてみたら痺れたので、毒だと直感して調べたという。……その瞬発力と着想は尊敬するが、いきなり自分で試すとか大胆すぎるだろ。

★3 寄生生物の場合は宿主の生理機能を利用して生きているので、相手が死んでいると寄生できない。ダニのような外部寄生虫も、宿主が死ぬとすぐ離れようとする。

い。捕食者にしてみれば、「まだ生きている肉」と「さっき殺した肉」と「少し前に死んだ肉」は口に入れてしまえば同じである。相手が動いていると認識しやすい、あるいはアタックを誘発しやすい、といった場合はあるが、栄養という点ではほとんど差がない。ということで、猛禽の中にもそれなりに死肉食性のものがいることは、覚えておこう。

　スカベンジャーといえば、真っ先に思いつくのはハゲワシとコンドルである。ハゲワシはアフリカからユーラシアに分布し、コンドルはアメリカ大陸に分布する。それ以外にも南米にはちょっと特殊な、ハヤブサ系の死肉食者であるカラカラもいる。

　そもそも、南米にはカラス属が分布していない。カラスがいるのはメキシコまでだ。その理由はよくわかっていないのだが、あるいは地史的な問題かもしれない。

　南米は中生代白亜紀に西ゴンドワナ大陸から切り離され、新生代半ばになって北米と地続きになった土地だ。一方、カラス類の故郷とも考えられているオーストラリア★付近は東ゴンドワナ大陸の一部が白亜紀に分離したものだ。カラスの先祖が分化したのは新生代になってからだから、カラスが世界に広まっていく間、南米はどこにも接続せず、オーストラリアから見れば地球の裏側にある大陸だったはずだ。

　北米に達したカラス属は最終的にメキシコまでは入れた……だが南米には入らなかった。その点を考えると、北回りでユーラシアから入ってきたと考えるのが自然である。

ハゲワシ

カラカラ

コンドル

興味深いのは、南米でカラスのニッチを占めているのがコンドル類だということだ。かつ、コンドルは南米、中米・北米南部までしか分布しない。コンドルの化石は更新世（約260万年から1万年前）の南北アメリカから発見されており、どうやら他の地域にいたことはないようだ。となると、地球の各地に分布を拡大していったカラス属が南米に入ろうとしたとき、そこにはすでにスカベンジャーとして確立されたコンドルがおり、そのニッチを（商売でいうならばシェアを）奪うことができなかった、と考えられないか。実際、カラス科の中でもスカベンジャーに特化していない、森林性の中型鳥類であるサンジャク類は南米にも分布するのだ。彼らは果実や小動物が主食である。

もっとも、北米にはコンドルとカラスが同居しているので、この仮説には弱点もあることは認める。その上で、ここでは「カラスとコンドルはスカベンジャーのニッチを巡って競争しているのだ」と考えてみよう。

となると、もし世界にカラスがいなかったらどうなったか。南米から北米に入り込んだコンドルにはライバルがいない。彼らは寒冷地適応しながら北上、ベーリング海峡を通ってアジアに進出。そこからユーラシアに広まる可能性も、ないとはいえないだろう。ただ、ちょっと気になるのは、時間が足りるかどうかだ。

先に述べたように、この本ではカラス属の登場は最長1500万年くらいの間の出来事ではないか、と推測している。では、種が進化する「最短」の時間のほうは？

インドの「ハシブトガラス」はつい最近、コルヴス・クルミナートゥス（*Corvus culminatus*）という別種扱いになったが、このごく近縁な種が分岐したのは約200万年前だ。目で見てわかる違いとされるのは嘴の長さで、クルミナートゥスはヒマラヤ地方のハシブトガラスよりも嘴が少し長い。200万年たっても「言われてみれば違うか？」程度にしか変化していないのである。

で、南米と北米がパナマ地峡で繋がったのは約300万年前である。北米に入り込んだコンドルが分化する時間はそれだけしかない。鳥は飛べるからもう少し早くから交流できるかもしれないが、海は鳥にとっても分布の障壁になるので、そう大幅にサバは読めない

★　2005年に発表されたカラス属内の系統関係を調べた研究を見ると、確かにオーストラリア付近のカラス属はわりとまとまりよく、一つのクラスターに入っている。ただ、カササギを外群として解析した結果、カササギに最も近いのはコクマルガラス類、次がワタリガラスなどを含むグループで、オーストラリアのカラスはさらにそのあとに分岐したグループにいる。
この結果「カササギとカラス属が他のスズメ目から分岐したのは環北極地方で、そこからオーストラリアにも広がった」ことを示しているようにも見える。オーストラリアが故郷だと考えた場合、ちょっと説明が難しい。一方、ちょっと古い研究だがフウチョウ類がカラスに一番近いという説もあり、だとすると故郷はニューギニアとかオーストラリア北部とかになるはずなのだ。このへんの決着はまだついていない。

だろう。ちょっと時間的余裕が足りないかもしれない。

だが、カラスの分布しない南米から、この「カラスコンドル」が分布を広げていく可能性は考えてみてもいい。どうでもいいけどカラスコンドルって仮面ライダーの怪人みたいだな。

一方、ユーラシアの死肉食者であるハゲワシなら、そこは問題ない。彼らは新鳥類のアジア進出以後、盛大に進化し、必要なら北上する時間があったはずだ。

もう一つ、死肉食に特化してはいないが、それなりにやらかしそうなのがカモメ類。日本ではユリカモメやウミネコなどだが、彼らもなかなかにスカベンジャーである。かつて、東京湾のゴミ埋立地であった「夢の島」は、遠目には白黒に見えたという。白はカモメで、黒はカラスである。そして船が近づくと島が浮き上がるように鳥が飛び立つのだ。当時はむしろカモメのほうが多かったと聞く。

ということで、この仲間もちょっと、頭の片隅に置いておきたい。

代役候補2：果実も好きな雑食性の鳥類

一方、カラスの果実食、昆虫食といった部分を強く受け継ぐのは、既存の他の鳥たちかもしれない。この場合、ひょっとしたら代役候補1との合わせ技でカラスの代役、となるか。

だがカキやビワのような、果実も種子も大きな植物の種子散布を助けるのは、それなりに大きな鳥になるはずだ。

かなり大型で、種子散布を担っていたかもしれず、そして絶滅した鳥がいる。ドードーである。

ドードーは不思議な形の鳥だが（だいたい、生きていたときの姿が絵しかなく、よくわかっていない）、どうやらこの鳥はハト目である。なかでも東南アジアに分布するミノバトに最も近縁、という説が出ている。

ドードーの頭はかなり大きく、嘴も非常に大きい。嘴だけ見るとハトの仲間というより

ドードー

猛禽、もしくはアホウドリみたいだ。しかしその食性はハトに近く、種子や果実を食べていたと伝えられている。おそらく、かなり大きな果実も食べることができたのだろう。実際、タンバラコクという植物はドードーが種子散布者だったのではないか、とする意見もある（こう結論している研究があるのだが、論文の査読が不十分とか、検証がちゃんとできていないという批判もあるので、「そういう意見もある」という程度にしておく）。

ということで、仮にハトであっても大きな嘴が持てない、というわけではない。もちろん、ドードーの特徴的な形は飛ぶことを諦め、シチメンチョウほどもある巨体に進化した結果でもあるので、カラスのように飛び回りつつ、大きな嘴を持つことができたかどうかはわからない。だが、あるいはあり得たかもしれない。

つまり、「嘴や体をデカくして大型の果実も食えるようになる奴がいれば、カラスの代役になれるんじゃ？」ということだ。

日本にもいそうな果実食性の鳥というと、ヒヨドリ、ムクドリだ。彼らは昆虫も食べるが、果実類もよく利用している。あと、ツグミ類もある。大きさがかなり違うのがネックだが、なんとかならないか。

もう一つ、イソヒヨドリ（ヒヨドリとつくがヒタキの仲間だ）が、果実も小動物も利用す

ヒヨドリ
ムクドリ
イソヒヨドリ

る鳥だ。ムカデも食べるし、沖縄ではツバメの巣を襲って卵や雛を食べることも多い。このタフな雑食ぶりはカラスの後継者にふさわしい、かも。

例えばだが、妄想をたくましくして、大型化したムクドリやイソヒヨドリの飛ぶ世界はどうだろう。

ムクドリをカラスの代役にする場合、もう一ついいことがある。彼らは集団ねぐらを作ることがあるので、夕方になるとねぐらへ飛ぶはずだ。「カラスと一緒に帰りましょ」が「ムクドリと一緒に帰りましょ」になるが、日暮れを知らせる鳥はちゃんと存在してくれるわけだ。

ということで、ちょっと妥協ないし無理なifが必要になるが、カラスの仲間の「代理」にムクドリ類を推すという手もある。「食性がある程度近い」「集団ねぐらを作るので童謡にしやすい」「分布が広いので世界のどこでも一応大丈夫だろう」というのが理由だ。

また、ムクドリはゴミを漁ることだってある。積極的にゴミ袋を破ったりはしないが、カラスの観察中、カラスが散らかした跡をテクテク歩いて何かつまみ上げているムクドリも見たことがあった。

これは当たり前な話で、「野生の誇りにかけて、人間が捨てたゴミなんか食べない」などと堅いことを言う動物はいないのである。食えるものなら拾って食べる、だって追いかけて捕まえるよりラクだもの。そういう動物のほうがよっぽど多い。河川敷の水たまりを見ていると非常に面白いのだが、最後、干上がった水たまりに取り残された小魚やその死骸は、セキレイやムクドリが食べていることがあるのだ。チリメンジャコほどの小魚なら、セキレイにとっても、普段食べている水生昆虫と大差ない。開けた水面だと相手が泳いで逃げるから捕食できないだけの話である。沢で、セグロセキレイがほんの数センチのヨシノボリ（ハゼの一種）を捕食したこともあった。ムクドリだって、小魚より大きな毛虫を食べているのだから、別に臆する必要はない。

ただ、この仲間はそんなに大型の鳥ではない。

ムクドリは全長25センチほど、嘴も細くて特にカラスらしくはない。だが嘴の形は餌への適応だ。肉食への適応を増し、大きな嘴を持つようになったらどうだろう？　そして、体全体も大きくなったらどうだろう？　ムクドリ科で最大クラスなのはおそらくキュウカンチョウだ。全長40センチほどでカラスというにはやや小ぶりであるが、少なくともキュウカンチョウ程度にはカラスっぽいシルエットのムクドリも、実際に生じているわけだ。もう一声いっとけば、カラスサイズになれないか？

ということで、「世界的に分布し、比較的大型になり得て、果実もよく食べる雑食性、しかも群れを作る」という点で、ムクドリ科だってカラスの代役の可能性があると思う。

ただし、こういった雑食傾向は案外いろんな鳥に見られる。猛禽であるカラカラもアブラヤシの実を食べることがあることは注意しておこう。前述したようにカラカラはハヤブサと近縁で、バリバリの猛禽の仲間である。だが、脂肪分が豊富で柔らかく消化しやすい果実なら、肉食動物の消化器官でも対応できるのだ。そこから糖質を利用するようになるにはもう一声、適応がいりそうだが、これも案外ハードルは高くないかもしれない。哺乳類でも食肉目でありながらタヌキやテンは果実をよく食べている。ネコもイヌも本来はほぼ完全な肉食だが、人が飼うことで米だって食べるようになった。もちろん調理した米は消化しやすいだろうが、糖質中心であることに変わりはない。

ところで、ヒヨドリもツグミもムクドリもみなスズメ目だ。スズメ目といえば、彼らはソングバード、つまり「学習によって歌を覚えて鳴く鳥」である。オオルリ、キビタキ、コマドリといった「鳴き声のきれいな鳥」は大概、スズメ目である。

となると、カラスの代役に非常に美しいさえずりがついてくる場合も考える必要がある。大型のツグミ類だとクロツグミやアカハラのさえずりは非常にきれいだ。ヒタキ科で大型のものにイソヒヨドリがあるが、あれも長々と美しい声で歌う。ただ、カラスサイズにするとかなり喧《やかま》しい恐れはある。

もっとも、鳥の声なんか都市騒音に比べたら大したことない、ともいえる。実際、東京都内のとある駅前でイソヒヨドリの声が聞こえたことがあるのだが、ホームに入ってきた電車の音で全く聞こえなくなってしまった。あれに耐えられるなら、鳥の声くらいどうってことない（……は言い過ぎだが、少なくとも単なるノイズよりはいいと思う。あ、鉄オタにとっては電車のほうがいいだろうけど）。

実際、鳥は周囲の状況に合わせて、背景雑音の周波数帯を避けた鳴き方をしている、という研究もあるのだ。[★1]

コロナ禍で街が静かになっている間、都市部の鳥の鳴き方が変化したという研究もある。[★2] サンフランシスコに生息するミヤマシトドのさえずりを調べたところ、音圧が大きく下がり、一方で鳴き方が複雑になったという。小鳥の歌は、その複雑さがメスに対するアピールになることが知られている。しかし、騒音に負けないよう音圧を上げねばならず、さらに騒音に邪魔されない周波数帯しか使えない（あるいは、邪魔される周波数帯で歌って

★1 Hamao S, Watanabe M & Mori Y. 2011. Urban noise and male density affect songs in the Great Tit Parus major. Ethology Ecology & Evolution 23: 111-119.

★2 E.P. Derryberry et al. 2020. Singing in a silent spring: Birds respond to a half-century soundscape reversion during the COVID-19 shutdown. Science vol. 370

も全く届かない）のであれば、歌にかなりの制限がかかることが想像できる。「千本桜」でも「夜に駆ける」でもいいが、ああいう技巧的な曲をシャウトしろと言われたら困るのは、想像がつくだろう。叫ぶならシャウト向きの歌に切り替えるしかない。

これはとりもなおさず、小鳥の声が街の騒音に負けていることを意味する。ということで、この線を考えると、「騒音にかき消されながらも美声を響かせるカラス」という素敵な世界線もあり得る、の、か？

ちなみに嘴を大きくするのは本当に可能？

先に「ハトだって嘴を大きくすればなんとかなる」「ムクドリの嘴を大きくすればだいたいカラス」みたいなことを書いた。書くのは簡単だが、果たして実際に可能だろうか？鳥を見ている限り、これは案外、できそうな気がする。というのは、淘汰圧《とうたあつ》のかかり方によってはものすごい速度で嘴が進化するからだ。

有名なのはダーウィンフィンチ類で、形も大きさも非常に多様な嘴を持つにもかかわらず、彼らは極めて近縁である。おそらく200万年から300万年ほど前に祖先の一団がガラパゴス諸島に到達し、様々なニッチに適応したものと考えられている。

また、ガラパゴスフィンチの嘴サイズはほんの数年、旱魃《かんばつ》が続くだけで、集団中の平均値がコンマ数ミリ変化することがわかっている。わずかなことだと思うかもしれないが、わずか2年か3年で、ノギスで測れるほど進化が「見える」ということなのだ。

これは気象条件によって植物相《しょくぶつそう》が変化するからだ。この島の植物相は単純で、「小さくて柔らかい種子をつけるが、旱魃だと枯れる」「旱魃にも耐えるが種子が大きく硬い」の2パターンだけといっていい。そこで、旱魃が続き、硬い種子ばかりが増えてしまうと、それに適した大きな嘴を持った個体が生き残り、速やかに個体群中の嘴サイズを変えてしまう。にもかかわらず、人間が発見してからの200年間、あまり姿が変わらないのは、気候が旱魃と湿潤を繰り返しているからだ。嘴の大きさもコンマ何ミリ単位で大きくなったり戻ったりを繰り返しているのである。仮に同じ気候が何百年、何千年と続けば、嘴の大きさや形は一方向に変わり続けるだろう。

カラスの嘴も、ああ見えて多様だ。ハシブトガラスは体がデカく、嘴も大きくて湾曲《わんきょく》するのが特徴とされるが、日本産亜種である *Corvus macrorhynchos japonensis* で特に顕著だ。東南アジアの亜種はもっと小柄で、嘴も細くて小さい。

世界に目をやると、東アフリカのオオハシガラスが異様なほど高さのある嘴を持っているのに対し、ユーラシアのミヤマガラスはスラリと細長い嘴だ。アフリカ南部に住むツルハシガラスの嘴にいたっては、ヒヨドリやツグミくらい細い。

これはおそらく餌の違いを反映している。ハシブトガラスは死肉食性が強いし、特に温帯や亜寒帯では冬には果実が少なくなり、動物の死骸を切り裂いて食べる重要性が増すだろう。日本にはワタリガラスというひと回り大きなライバルがいないことも関連するかもしれない（ワタリガラスがいなければ、ニッチの競合による不利を気にせずに大型化できるはずだ）。

オオハシガラスは恐らく、ハゲワシやヒゲワシなど、大型の死肉食者と先を争って食べなければいけない立場だ。よって、体《たい》サイズこそライバルほど大きくはしなかったが、嘴の威力をなるべく上げ、骨に残った肉を引きちぎる方向に進化したのだろう。ミヤマガラスは細い嘴を生かして、地中に潜むミミズも

ミヤマガラス

器用につまみ出すことができる。ツルハシガラスは見たことがないのでよくわからないが、乾燥地や草原に住むようだから、おそらく地中や草の隙間から餌をつまみ上げる必要があるのだろう。

ということで、ムクドリといえども、もしそれが必要なら、肉を切り裂く大きな嘴を獲得した死肉食者に進化するのは、決して荒唐無稽ではないと考える。ガラパゴスフィンチの例を考えれば、百万年単位の時間で可能だろう。本書では最大1500万年ほどのタイムスパンで考えているので、時間は十分にあるはずだ。

代役候補3：意外なところでインコ・オウム

さて、もう一つ考えなくてはいけないグループがある。

潜在的には肉食傾向があり、果実類、しかも大きな果実もよく食べる鳥で、カラスの向こうを張れるくらいお利口な上、神話に登場してもよさそうな鳥……それはインコ・オウムの仲間だ。

他の本でも何度か書いているが、インコ・オウムの仲間（インコ目ともオウム目ともいうし、インコ・オウム目ともいう）はハヤブサに近縁である。ハヤブサはワシ・タカとはいくぶん縁遠い鳥で、姿や行動が似ているのは「飛び回って生きた獲物を捕食する」という生活が生んだ結果にすぎない。

さて、一方は肉食専門、もう一方は果実専門になったようなハヤブサとインコだが、どっちが先かといえば、どうやら祖先は肉食系だったようである。果実やナッツを食べるほうに特化してしまった、いわばベジタリアン化した変わり者がインコなのだ。だが、先祖と同様の肉食傾向を残している、もしくは一度失ってから再び発達させた種もある。代表格は、ニュージーランドのケア（Kea：キアあるいはキーアと読むこともある）だ。日本語ではミヤマオウムという。

この鳥はニュージーランド特産で全長は45センチから50センチほど、つまりハシボソガラスくらいの大きさである。体重は700グラムから1キログラム程度で、ハシブトガラ

ケア

スより少し重い。嘴は鋭く、やや長い。といってもオウムなので下向きに伸びている。色はくすんだオリーブグリーンで、色合いはわりと地味。ただし翼を開くと下面から脇あたりに赤い部分がある。

ニュージーランドの山岳地域に住んでいるのだが、問題はその食性だ。温帯域、しかも樹種の少ない亜高山となると、果実だけを食べて生きるのは難しい。ケアは雑食性で、花の蜜、果実、昆虫、小動物、鳥の卵や雛、動物の死骸などを食べている。相手が反撃しないようなら、家畜の背中に乗って肉を噛みちぎることすらやる。最悪の場合は羊をつつき殺してしまうこともあるといわれている。

ハンターが獲物を撃って解体したあと、うっかり皮や骨を置いておくと、ケアの集団がつつき回して穴を開けるわ、持っていくわでえらいことになるという話も聞いたことがある。もっとも大きなシカの頭骨なんかはわざとケアにつつかせ、細かい部分を除肉してもらうという使い方もあるとか。おまけにオウムの仲間でなかなか知能が高い。プッシュプル問題、つまり「適切に引っ張ったり押したりして餌を手に入れろ」という課題をクリアするし、少なくとも飼育下では道具使用らしい行動をとったこともある。野生状態でもゴミ箱の蓋を開けたとか、ボルトに興味を示して勝手に回して外してしまったとか、自転車のタイヤをかじってパンクさせたとか、カラスとオカメインコを混ぜたようなイタズラをやらかす鳥らしい。

　この雑食ぶり、集団で現れて「イタズラ」をする感じ、そして卵や雛を、時には動けない家畜を、容赦なく襲う行動は、かなりカラス的である。そして、忘れてはいけない——カラスの故郷がオセアニアだとしたら、ニュージーランドもその一部なのだ。オーストラリア、あるいはニューギニアに入って進化することができたなら、そこからカラス同様、海を越えて東南アジア、東アジアへ、そしてユーラシアからアフリカ、あるいはアメリカへと広まることは、不可能ではないだろう。[★1] つまり、現在のカラスの地位を、ケアの仲間が占めてしまう可能性は否定できない。

　いやいや、インコとかオウムって熱帯性じゃん！　と思われるかもしれない。確かに現在、オウムの分布はほとんどが熱帯・亜熱帯の低緯度地域に限られている。だがオウムの仲間がもっと高緯度の地域まで進出するのは、必ずしも不可能ではない。都市部のヒートアイランドに助けられているだろうとはいえ、東京にもワカケホンセイインコが野生化し、50年以上も住み着いているのだ。

　北米にも19世紀まではカロライナインコという種が、メキシコ湾岸からバージニア州やイリノイ州にかけて分布していた。バージニア州リッチモンドの1月の平均最低気温はマイナス1度くらい。冬は寒さを避けて南下するとしても、フロリダ南部だって10度以下になることは普通にある。結構寒さに耐える種が、ごく最近でもいたわけだ。

さらに2016年にはロシアのバイカル湖付近で、1600万年から1800万年前のオウムの化石が発見されている。[★2]この当時のシベリアは今よりも温暖だったようだが、決して熱帯や亜熱帯ではない。ニレ、クルミなどが茂っていたという研究があるので、せいぜい温帯だ。これを考えると、インコ・オウムの過去の分布が現在より広かったのは確かだ。何かちょっと違っていれば、世界に広まって定着していたかもしれないだろう。

この想定の利点は、オウム類の食性は果実などを含むため、カラスの持っている果実食者としての側面を肩代わりしてくれる可能性があることだ。

一方、繁殖については、いささかの悩みがある。オウムの仲間は基本的に樹洞営巣なの

★1　ぶち上げたばかりだが、この推論には大穴があることも白状しよう。実はニュージーランドにはカラスが天然分布しない。よって、仮にオセアニアがカラスの故郷であったとしても、どういうわけかニュージーランドにはカラスが行かなかったか、入っても絶滅したということになる。逆にいえば、ニュージーランドのケアが果たして分布を広げられるかどうか、これも不明である。というか実際、オーストラリアにはケアがいない。これについては後述する営巣行動がネックになっているかもしれない。とにかく、ここでは妄想として話を進めることを許してほしい。

★2　Nikita V. Zelenkov. 2016. The first fossil parrot (Aves, Psittaciformes) from Siberia and its implications for the historical biogeography of Psittaciformes. Biology Letters12(10)

だ。日本で野生化しているホンセイインコも、営巣しているのは主に樹洞である。東京でもじわじわとしか増えていないのは、一つには営巣場所がそれほどないからだろう（一方、田舎に行くと気温が低い・人為的な給餌がないなどの理由で生存のほうが難しくなる）。ということで、仮にカラスの代わりにケアが来た場合、やはり、現実世界のカラスほどには、増えることはできないかもしれない。

ちなみにケアはフクロウオウム（カカポ）に近縁だ。これは飛べない、夜行性のオウムで、飛べないので巣も地上にある。ここにケアのもう一つの弱点がある。ケアも木の根元の、周囲に伸びる太い根の隙間に営巣するのだ。ケアはちゃんと飛べるにもかかわらず、なぜか樹上営巣ではないのである。

これはコウモリ以外に哺乳類がおらず、大型のトカゲも分布せず、ヘビにいたっては一種類もいなかったニュージーランドだからできることである。他の土地なら、あっという間に卵を捕食されて終了だ。なので、もしケアが世界に分布を広げるなら、その点だけは樹上営巣に変更していただきたい。でないとオーストラリアにすら到達できない（オーストラリアには有袋類や爬虫類の地上性捕食者がいる）。

妄想としては、「ケアのように肉食傾向を高めた、樹上で繁殖するインコ・オウムが、世界に広まる」というものにしておこう。

食性を丸ごと変えてしまえ！

ここまではカラスの代役として、食性の似た鳥を探した。だが、食性を大きく変えてしまうことはできるだろうか。例えば、肉食の鳥類の果実食化とか？

そんなアホな、と思わないでいただきたい。鳥の先祖は恐竜、しかも二本足で駆け回る、活発な肉食恐竜だったと考えられている。つまり、元は肉食だったはずである。

ところがその中から、種子食や果実食に特化したものがでてきた。なかにはカモ類のように草が主食というものまで現れる。つまり、肉食から草食への転換が起こったのだ。魚でもピラニアの仲間だが植物食のコロソマというのがいるし、アユにいたっては成長に伴って餌を昆虫から藻類に変えてしまう。

恐竜にもそういう例はある。ヴェロキラプトル（映画『ジュラシック・パーク』シリーズで大暴れしたアイツ）やデイノニクスを含むコエルロサウルス類の中にも、テリジノサウルスのような草食化したらしいものがあるからだ。

このテリジノサウルス、全長10メートルほどに達した大物だ。腕は2メートルもあり、その先には70センチ（生きているときは角質部があってもっと長かったはず）に達する巨大な鉤爪が付いていた。当初はこれを武器にするシザーハンズみたいな奴かとも思われたのだが、研究の結果、どうやら大きな爪で枝を引き寄せて食べる、草食恐竜だったのでは？とみなされている（ただしこのへんは異論もあって、魚食性という意見もある）。いや、考えてみたら恐竜の祖先はそもそも（おそらく）肉食であり、すべての草食恐竜は二次的に草食を進化させている。

さらにいえば、クモとカエルにさえ、植物を食べるものが見つかっている。ブラジルのゼノヒラ・トゥルンカタ（*Xenohyla truncata*）という樹上性のカエルにいたっては積極的に植物を食べる上、種子散布にも貢献しているようだとの発表が２０２３年になってなされた。

ということで、草食への転向は、必ずしも不可能ということはない。ただ、肉食専門だった鳥類を果実食にする場合は味覚を発達させる必要があるかもしれない。というのは、果実食や花蜜食の鳥は甘味を感じる能力を改めて進化させたようだからだ。

先にも述べたように、鳥の先祖は肉食性の恐竜である。そもそも哺乳類ほど咀嚼しないだろうし、獲物を丸呑みなら味はあまり関係ない（どうせ鱗や皮の味しかしない）。何より重要なのは、肉を食べるのに必要な味覚は旨味だ、という点。旨味はタンパク質が分解して生じたアミノ酸を探知する能力だからだ。むろん、有毒物質を感じ、敬遠する機能はあってもいい。「賞味期限切れの豆腐を食べてみたら酸っぱかったのでやめた」などはつまり、味覚によって有害物質を探知した例だ。だが、肉を食べるのに甘みは特に必要ない。甘味を感じる必要があるのは、熟した果実を食べるか、花蜜を食べるか、そういう生き物なのだ。実際、ハチドリの甘味感覚は、アミノ酸を感知する細胞が変化して生じたらしいことがわかっている。

恐竜から鳥が分岐した時点ではおそらく甘味を感じる能力は持っておらず、あとになって進化したものだろう。第一、その時代には果実がない。目立った花をつける被子植物が進化するのは概ね白亜紀以降で、甘い果実が進化したのもたぶんそれよりあとだ。そもそも、果実の色や甘い果肉は鳥との共進化……種子散布者への信号、そして報酬として発達したものである。

ということで、果実食の鳥は甘みを探知できるように進化し、植物のほうはその味覚に訴えかけるべく果肉を発達させたはずだ。

逆にいえば、仮に何らかの突然変異が生じ、甘味を感じられるようになったなら、果実を食べて生き延びる猛禽も生じないとはいえない。少なくとも獲物が捕れないときに果物を食べても生きていられるのは有利そうである。果実類の消化に向いた内臓も必要になるが、幸いにして果実は葉っぱや枝ほど、消化しづらいものではない。本来は魚食性のはずのユリカモメがヒメユズリハの若芽を食べていたりするくらいだから、まるっきり融通が利かないということもなかろう。

なので、この手は意外にアリかもしれない。


となれば、逆の例を考えてもいいだろう。植物食専門だった鳥の肉食化だ。これも可能性がないとは言わない。草の種を主食とするはずのハトだって、昆虫やミミズも食べることはある。花蜜だけを食べていそうなハチドリも、子育てのときは雛に昆虫を給餌している。動物質のものを一切食べない、ということはないわけだ。こういった、草食性の鳥類がカラス的ポジションに来ることは、あるだろうか？

狙っているのはカラスの持つ「果実食性」という特徴を最大限に生かし、かつ、肉食／死肉食性も発揮してほしい、ということである。

もっとも、草食から二次的に肉食化という例はあまり聞かない。逆ならよくあるのだが。その珍しい例としては、クジラ偶蹄目《ぐうていもく》があるだろう。もとはカバのような草食、ないしせいぜい「草食寄りの雑食」の生物だったはずだが、今ではハクジラ類のように肉食に特化したものがいる。

もう一つ、草食から肉食に進化したかもしれないのが、我々ヒトだ。ミキ＝ベン・ドールらの2021年の論文★では、現生のヒトの胃の酸性度の高さなどは肉食適応の名残であり、初期の人類はかなり長い間肉食を中心としていたのではないか、と考察している。そして、ヒトの先祖は類人猿であり、つまりは霊長類の一つで、霊長類が食べるのは主に果実や葉っぱだ。この説が事実なら、草食中心から肉食に進化した例と考えられるだろう（もっとも、そうなると歯の形がイマイチ肉食的じゃないのはどうして？ とか、現代の狩猟採集民はカロリーのかなりの部分を植物から取っているけど？ という疑問もわくけれど）。

ということで、草食特化から肉食へ変化する例も、ないわけではない。仮にハトが死肉食もできるくらいに進化したと考えてみるくらいは、いいだろう。いやまあ私もあまり本気にはしていないが、ネタとしては面白い。

例えば、餌の乏しい乾燥地に住むハトが、食性の幅を広げて生き残ろうとした、といった場合はどうなるだろう？

この「カラスバト」というか「ハトガラス」というかだが、普段の生活についてはなんともいえない。大型のカラスには縄張り性のものが多いが、これはおそらく、餌資源を独占するためである。一方、ハトは集団でいることが多い。彼らの餌は種子類で、集団で一

★ Miki Ben-Dor et al. 2021. The evolution of the human trophic level during the Pleistocene. American Journal of Biological Anthropology.

斉に食べてもいきなり食い尽くすことはない。それよりも集団でいることによる防衛力の強化を狙っているのだろう。もっともハトの中にもキジバトのようにペアでの行動が多いものもある。

また、ミヤマガラスのように比較的集団性の強いカラスもいる。ミヤマガラスも一応、ペアの縄張りはあるとされているが、その採餌範囲はペア間で完全に分かれているわけではなく、結果として何ペアもが同じ場所で採餌することもあるという。★1 よって、カラスだから単独行動とは限らず、繁殖個体さえもドバトのように群れで現れる可能性はあるのだ。ということで、ミヤマガラスがハトのように黙々と落穂拾《おちぼひろ》いに勤《いそ》しむのだから、ハトがカラスの真似を始めることだってあってもいいじゃないか、としておく。

特別候補：神様枠

オーストラリアからエントリーするのが「朝になると大声で鳴いて精霊を起こす鳥」、ワライカワセミ。神話的な鳥ということで、神様枠で考えてみよう。それに、コミカルな鳴き声や姿は狂言回しとしてもなかなかお似合いである。

朝になると大声で鳴いて夜明けを告げる鳥、という点で、これはまさにカラスと互換性がある。疎林《そりん》から樹林帯の幅広い環境に住んでいて都市部にもいるし、オーストラリアを代表する鳥の一つとして人気もある。全長も最大45センチ程度と中型のカラスくらいあるから、カラスの代役もいけるか?

ただ、こいつは樹洞営巣なのだ。そして餌は動物に限られている。果実食、死肉食に適応してもらえばアリといえばアリだが、それなら猛禽枠と同じである。残念だが、ここでは割愛させてもらうことにする。

ところで、色はどうなる?

カラスといえば黒。これは非常に強力な印象である。

実際にはカラス属にも真っ黒でない種はいる。コクマルガラス、ニシコクマルガラスは白黒。ズキンガラスも白黒だ。ムナジロガラス、クビワガラスも白黒。オオハシガラスも

ワライカワセミ

首の後ろに白い部分がある。ニューギニアのハゲガオガラスは灰色で、幼鳥は褐色である。だが、残りの30種あまりは黒い。なので、「カラスは全部黒い」という命題は偽《ぎ》だが、「カラスはだいたい黒い」なら間違いではない。

さて、ここまで考えてきたカラスの代役たちが本当に進化するとしたら、どんな色になるだろうか？

鳥の色彩については考えるべき点がいろいろある。色彩には様々な役割があるからだ。まず、種の識別のための色。近縁種でそっくりさんだが色が違う、という鳥はちょくちょくある。キレンジャクとヒレンジャクは「黄」と「緋」の名の通り、尾羽の先端が黄色か朱色か、が明確な識別点になる。アカハラとシロハラは生息環境も行動も似ているが、腹が赤褐色《せっかっしょく》なのがアカハラ、汚白色《おはくしょく》なのがシロハラである。カモメの仲間は嘴の先端の色模様が異なる種がよくある。例えばカモメ（カモメ属という意味ではなく、種名のカモメ *Larus canus*）の嘴は黄色一色だが、大きさのよく似たウミネコは嘴の先端が赤く、その後ろに黒い帯がある。

もっとも、このへんは繁殖地が重なるかどうかも重要だ。種を識別する最大の理由は、繁殖相手を間違えないためである。交雑しても問題ないなら構わないが、行動や生活が違い、そのために形質も違いがあるような場合、うっかり交雑すると最適値から外れる。遺伝的に子孫が残らない、あるいは雑種が繁殖能力を失う、などだと致命的だ。

セグロカモメとオオセグロカモメはどちらも黄色い嘴の下側、先端近くにポツンと赤い斑点があるが、この2種は繁殖地が違うので「繁殖相手を間違って大失敗」とはなりにくいだろう。むしろ「同種だったものが繁殖地が分離したために遺伝子の交流が途絶え、別種と呼べるほどに変化した。だがどちらも嘴の模様は変わっていない」と考えるほうが合理的か（カモメの種分化は難問なのでお茶を濁しておこう）。

で、カラスの場合。例えば同所的に分布するハシブトガラスとハシボソガラスはどっちも黒い。アメリカガラスとウオガラスも真っ黒である。ということで、彼らは種の識別のために体色を変えるということは、どうやらしていない。[★2]

一方、白や黒の鳥には集団性のものが多くないか、という意見もある。確かにカワウ、カラス、ハクチョウ、シラサギ（これは種名ではなく、コサギ、チュウサギ、ダイサギなど白いサギの総称）などは群れを作る。集団性の鳥にとって、白や黒など単純で目立つ色は仲

★1 Crows of the World 2nd edition. 1982. Natural History Museum, London.

間の識別を容易にする可能性がある。とはいえ、白や黒でないと集団になれないというわけではない。セキセイインコなども大群を作るが、別にモノクロではない。よって、集団性であることに黒が役立つことはあるかもしれないが、黒でなくてはいけない理由ではないだろう。

色彩のもう一つの重要な役割は異性に対するアピールだ。オスだけが美しい色彩を持つ種は多いが、これはメスに選んでもらうためである。フウチョウ類の度を越した飾りの数々も、キジ科鳥類の色彩も、すべてメスへのアピールだ。

なぜそのような色彩がアピールになるか？　については複数の説明が可能である。例えば、光り輝く色彩や鮮やかな色は視覚刺激が強く、メスに見てもらう理由になる。

また、色が美しいオスを選ぶことはメスにもメリットがある。そのような色を作るには大量の色素が必要で、色が美しいということは、それだけの色素を作る余力があることを意味する。鮮やかな赤や黄色はカロテノイド系色素によるが、脊椎動物はこの色素を生産できず、餌から取り込むしかない。よって、色が鮮やかなことは、「十分に餌を食べている」ことを意味する。構造色による場合も、微細構造のきれいに発達した羽毛を生やせるということだ。つまり、色合いが自分の健康状態の指標になる。

さらに、派手な色や、巨大な飾り羽は生存にはむしろ不利だ、というのも理由である。これはハンディキャップ仮説として知られる理論だが、それだけのハンディがあっても生き延びているという事実が、オスのサバイバル能力を保証している。

こういった信号はコストが伴うがゆえに、「そのコストを担保できる」というオスの能力も示せるので、「正直な信号（honest signal）」とも呼ばれている。人間でいうなら、ブランド品を身につけ、大邸宅に住み、高級車を持っていて、それでも破産しないようなら本物の金持ちというわけである。

では、黒は？　黒い羽は大量のメラニン色素によるものだ。栄養状態の悪いカラスは明らかに羽色が褪《あ》せており、艶《つや》がなく褐色がかっている。艶やかな光沢のある漆黒の羽毛は、栄養状態の指標たり得るだろう。実際、飾りっ気がないように見えるカラスでも、喉から

★2　ただし、ペルストラらの研究ではハシボソガラスとズキンガラスの種分化には視覚要素が関連するかもしれない、という指摘がある。この2種は分布が接しており、その狭い領域（ハイブリッドゾーン）では交雑するが、なぜか交雑個体が広まるわけでもない。ペルストラの論文は視覚に関与する遺伝子に違いがある点を報告しており、見た目の違いが交雑を阻んでいる可能性が指摘されている。なので、同所的に分布するカラスが種によって色を変えている傾向は見られないものの、色が違えば別種と認識する可能性はある。もう一ついえば、紫外線の反射を使って種が識別されている場合、人間が肉眼で見てもわからない。鳥には紫外線が見えるからだ。ただ、今のところ、カラス類が紫外線を使って特有な模様を作っているという証拠はない。

首あたりの羽毛が際立って艶やかな例はある。ハシボソガラスでもそうだし、ワタリガラスにはたてがみ状の羽がある。ハシブトガラスならぽわっぽわの頭だ。

また、異性に羽繕いをねだるときは、そういった部分を差し出していることもある。したがって、真っ黒なカラスであっても、黒いなりにアピールポイントはあるのだろう。

だが、これも黒くなくてはいけない理由ではない。

メラニンのもう一つの特徴は機械的な強度だ。メラニン顆粒《かりゅう》がぎっしり詰まった羽毛は強度が高いのである。鳥の中には翼端だけが黒いものがあるが、あれも目印としての意味のほか、ぶつけやすい翼端部を強化するという意味が、おそらくあるのだろう。大型の猛禽に暗色のものが多いのもそれが理由かもしれない。カモフラージュの観点からは、少なくとも下面は白っぽくしたほうが、空を背景に見上げられたときに目立たない。実際、遠距離でオオタカなどを見ているとき、旋回してこちらに白い腹側を向けると空に紛れて姿が消える。なのに、大型のワシなどは下面も暗色なのだ。

もう一つ、メラニンの多い羽毛には抗菌作用があることが知られている。羽毛に寄生する真菌類《しんきんるい》があるのだが、これに取り付かれると羽毛の耐摩耗性が下がり、すり減りやすくなる。鳥にとっては大きなマイナスだ。ところが、メラニン顆粒の多い羽毛は、このバクテリアに感染しにくいことがわかっている。

このことから、黒い羽毛は感染症対策、特に死骸を食べるときに病気にならないためではないか、という意見もある。例えばカリフォルニアコンドル、クロコンドル、ヒメコンドルはほぼ黒い。アンデスコンドルもかなり黒い部分が多い。ハゲワシのほうはそこまで明確ではなく、クロハゲワシやズキンハゲワシのように黒いものもいるが、マダラハゲワシやシロエリハゲワシは別に黒くない。エジプトハゲワシなんてむしろ白いといってもいい。ということで、死肉を食べるから黒でなくてはいけない、というわけでもないようだ。黒に利点はありそうだが、「黒くないと死ぬ」というほどではないのだろう。

さらに最近の研究によると、オオカバマダラ（チョウの一種）の羽の模様は飛行性能に影響する可能性がある。黒い部分は温度が高くなり、局所的に上昇気流が生じることで翼面に微細な気流を生んで、空気抵抗を減らす可能性が指摘されている。

鳥の場合でも、海鳥は色が濃いほうが空気抵抗が減る、という研究がある。ただ、じゃあカラスは黒いから飛行性能が高いのかというと……確かにスカベンジャーとしては長距離をラクに飛べるほうがいいのだが、ワタリガラスのように「風の申し子」みたいな飛び方をするカラスもいれば、さして飛ぶのがうまいとも思えないカラスもいる。ハシブトガラスやハシボソガラスの飛行能力は、はっきりいえば「あのサイズの鳥ならあんなもんじゃない？」程度である。なので、あるいはカラスの黒色は飛行を助けているのかもしれないが、「それに助けられてすごい性能を発揮している」とも言い切れない。

結論として、カラスのような生活史の鳥は黒くなる可能性がある。一方、黒くなかったとしても、それで絶滅するというわけではないだろう。よって、ここで仮想した鳥たちは、黒くはないかもしれない。

これは鳥類学的にはそれほど大きな影響はないが、人間の受け止め方には、多少の差が出るかもしれない。

候補に挙げた鳥たちに黒いものがいるか、一応見てみよう。クロコンドルは真っ黒だし、クロハゲワシもほぼ真っ黒だ。カラスバトも黒い。ヤシオウムもかなり黒い。ムクドリ系ならキュウカンチョウやハッカチョウも一部に白斑や黄色い裸出部があるものの、だいたい黒い。イソヒヨドリを含むヒタキ系は……しまった、あまり黒くない。ツグミ科ならクロツグミやクロウタドリなど黒系がいるが。

とはいえ、黒い種は様々な分類群の中で独自に進化している。メラニンは大概の鳥が持っているから、その合成系は備わっているわけだ。あとは発現する場所と量の問題だけだ。ということで、カラスの代役が黒い必要があるなら、黒にすることはたぶん可能である。

結論

カラスの身代わりは？

1　ハゲタカ、ハゲワシ、カラカラなど死肉食性の鳥たち
2　ツグミやムクドリの大型化
3　雑食化し、寒冷地まで分布を広げたオウム
4　肉食のハト。あるいは果実食に適応した猛禽
ただし、いずれもカラスのように黒いという保証はない

とりあえず、これを基本的な可能性としておこう。

だが、カラスの影響が及ぶのは生態系だけではない。人間の文化や社会にも関わる。そういった部分でどのような変化が生じ得るか、また、代役には何が求められるか、次章ではそこを考えてみよう。

第3幕

人間社会から
カラスが消えたら

宗教からカラスが消えたら

人間が抱くカラスの印象はアンビバレントなものだ。最近の作品にちょうどいい例を見つけた。『推《お》しの子』である。

まず、アニメ版第1話、雨宮吾郎の勤務する病院の屋上からの風景。のどかな田舎の象徴として、最初は呑気に飛ぶトビが、そして次にはカラスの群れが描かれている。この鳥たちは田舎の風景の一部であり、カラスだからといってゴミゴミした街なかの象徴とは限らないわけだ。

続いて夜の森で、おそらくねぐらだったのだろう、一斉に飛ぶカラスたち。このシーンでは雨宮吾郎が崖から突き落とされており、カラスたちは不吉な、あるいは恐ろしげな場面の象徴となる。のどかなカラス、どこ行った。

また、第2話以降のオープニング映像には東京のビルの谷間を飛ぶカラスの群れが一瞬、描かれている。最終回では主人公をじっと見つめるカラスが意味ありげに描かれる。

さらに（この原稿を書いている時点ではまだアニメ化されていないが）意味ありげに登場し

て謎めいた言葉を残す少女はカラスを連れている。雨宮吾郎の遺体がついに発見されたとき、これを導くのもカラス。カラスが夜間行動するか？　とか、岩穴みたいなところに入るか？　といった気になる点はあるが、アップで描かれたカラスの顔の正確さは、エンタメ作品の中では群を抜いている（ただし、あの顔はワタリガラスっぽい）。

思い返してみて驚いたが、人間の考える「カラス像」はこれでほぼ描き尽くされている。のんびりした田舎と大都会、両極にまたがり、死の象徴であり、過去と今をつなぎ、超自然的に人を見守り導く、そんな存在がカラスだ。

「もし、進化の上でカラスというものがいなかったら」というシミュレーションをすると、文化的な側面も考えないわけにはいかないだろう。カラスというものがいない世界では、伝説や伝承、神話にカラスが登場することもなくなる。カラスは意外と、神話に出てくる鳥なのだ。

これはいろんなところに関係する事項である。現在カラスの印象が悪いのは宗教的な観念による部分がないとはいえない。後述するが、逆にカラスを聖なる鳥とする文化もある。

また、創作においても、宗教的な観念は意図的に、あるいは無意識的に、大きな意味を持つ場合がある。『新世紀エヴァンゲリオン』がキリスト教をモチーフとしているのは明らかだし、ハリウッド映画だって言外にキリスト教を知らないと理解できないストーリーは多い。『オーメン』はそのものだが、『悪魔を憐《あわ》れむ歌』『エンド・オブ・デイズ』『コンスタンティン』なんかも明確にキリスト教における神と悪魔、そして殉教をモチーフとした作品だ。ＳＦ映画の『ヒドゥン』だってなんとなくキリスト教的世界観が持ち込まれている。

ということで、まずは宗教からカラスを抜いたらどうなるか、ちょっと考えてみよう。

古代の神話・自然信仰におけるカラス

カラスの「夜明け前に起きて鳴き、太陽からやってくるように飛ぶ。夕方は太陽を追うように群れて飛ぶ」という姿は、彼らの神秘性を増したはずだ。古代中国、エジプトなどでカラスは太陽の鳥とされているからである。日本神話の八咫烏《やたがらす》も、太陽神の使いであることを考えればやはり太陽の鳥である。

鳥は多くが昼行性で、かつ、朝イチが一番活発に動く。当然、鳴くのも朝が多い。だから鳥はだいたいが朝のものともいえるのだが、なかでも夜明けに鳴く鳥としてはニワトリ。ちなみにニワトリの原種であるセキショクヤケイも、律儀に夜明け1時間前には鳴くそうである。あれは人間が飼ったせいではなく、最初から持っている性質なのだ。というか、だからこそ飼われたともいえる。

少なくとも東アジアにおいてニワトリは食用や採卵用というより、祭祀《さいし》用に飼われていた神聖な鳥だったようだ。それはおそらく、夜明け前に鳴いて、朝の到来を告げることと無関係ではないだろう。

キャンプしてみるとよくわかるが、人工光のない世界は本当に暗い。月や星の明かりは思ったより強いものだが、それさえもない、新月や曇った夜は本当に暗い。「鼻をつままれてもわからない」という暗さの例えは嘘ではないのだ。

あと、これも現代人はあまり感じることがないかもしれないが、冬の夜の寒さに震えて

ニワトリ

いるときは、狂おしいまでに朝が待ち遠しい。お前も現代人じゃねえかと言われそうだが、学生の頃、冬の屋久島の山小屋で寒さに震えた経験があるから、少しはわかる。

あのときは着られるだけ着込んでシュラフに潜っても寒くてたまらなかった（これは着ていたものを失敗したのである。重ね着しても上手に暖気を蓄えられなければ無駄だからで、翌年はもうちょっと上手にレイヤード・システムを組んだ）。マミー型シュラフをすっぽり頭まで被り、ジッパーをきっちり引き上げても、震えが止まらない。シュラフのジッパー部から、フードの隙間から、冷気が入ってくる。それだけではない。マットを敷いていても、床が冷たいのだ。床に接した部分から体温が奪われていく。横を向いて体を丸め、接触面積を小さくして、なんとか熱を逃がさないよう耐える。耐え難くなったら、反対側を向いてまた丸くなる。眠ったと思うと寒さに目覚めて寝返りをうち、時計を見ると、まだ1時間しかたっていない。小屋の外の最低気温はマイナス5度程度。大したことはないと思うだろうが、小屋の中も0度近い。そして、ここには分厚い布団も、暖房器具も、断熱壁もない。世界を温めてくれるのは太陽だけ。だが、日が昇るまではまだ遠い。身を震わせているうちに、また意識が遠のく。そんなことをしていると、さらに厳しい冷え込みが来る。これはきっと明け方の冷え込みだ。これを凌《しの》げば朝が近いんだ……震えながらシュラフの中で我が身を抱きしめつつ耐えていると、ほんの少し、寒さが和《やわ》らいだように感じる瞬間が、やってくる。これは気温が上がり出しているのか？　そう思って祈るような気持ちで寝棚の上にある小さな窓に目をやると、ごくうっすらと、青い光が差し込み始めているのだった。

あんな夜、古代人はきっと「ニワトリが鳴くまで、ニワトリが鳴くまで」と思いながら耐えていたに違いない、と思う。

さらに、太古の人間にとって、夜の暗さには様々な危険が潜んでいたはずだ。魔物、悪霊、怪物、野獣、事故。単につまづいて転んだだけでも、場合によってはひどい怪我になる。昔の人間は怪我や病気にも強かったろうが、薬もない、医者もいない状況では、ちょっとした傷が命取りになることもある。まして毒ヘビを踏んだりした日にはほぼ終了。それを、夜にまぎれて襲ってくる魔物の仕業と捉えてもなんら不思議はないだろう。縄文人の平均寿命は30歳に満たなかったのだ。

となると、夜＝闇と魔物の時間帯である。時計もないなか、闇を恐れながら朝を待ち続ける人々は、どれだけニワトリの声を待ちわびたか。文字通りの払暁《ふつぎょう》、夜を払い、朝の先駆けとなるのがニワトリの声だ。それが「邪気を払い、魔を退けるもの」と受け取られても当然だろう。

では、ニワトリがいない世界では？

ヨーロッパ人が持ち込むまで、ニワトリが長く存在しなかった北米先住民の文化では、しばしばワタリガラスとハクトウワシが神である。これは必ずしも「朝」と関連するとは限らないのだが、カラスもまた、夜明けの鳥である。カラスは夜明け前に目を覚まして「カア」「カア」と鳴き始め、やがてまだ暗い空に飛び立っていくのだ。

古代中国や古代エジプトにおいてカラスが太陽の鳥と考えられたのは、まさにこれが理由。カラスは太陽から飛んできて、夕方になるとまた太陽に帰る鳥とされていたのである。

ちなみにアボリジニの神話では朝を告げる鳥はワライカワセミ。精霊たちが寝ていると朝にならないので、精霊を起こす声なのだそうである。確かにあれは相当にけたたましいので、目を覚ますだろう。

ただ、こういった自然信仰の神様はイタズラ好きで享楽的な部分があり、現代人が考えるような「威厳があってきちんとした神」とは限らない。どうも近年のカミサマは全知全能な上に大変な人格者であり、かつ間違いがないという、全方位にスキのない存在になり

ワタリガラス

ハクトウワシ

すぎている。

その点、古い神々はもっとフリーダムだ。ギリシャ神話のゼウス★など、気に入った相手は見境なく口説きまくる。のみならず、その結果を星座として残しているのは、さすがにどうかと思う。

実のところ、自然神としてのカラスはわりとイタズラ好きでちゃっかりしている。例えば、クリンギット族の神話によると、人間を作ったのはカラスである。だが、最初は石から人間を作ったため、加工するのが大変だった。それでは時間がかかりすぎるので、改めて落ち葉から作ることにした。そのため、人間の体は脆くなり、今のようにすぐ死ぬのだそうである。

それくらいならまだいいが、アボリジニの神話に出てくるカラス神がひどい。この神は人間を作ったそうだが、目的は浮気相手が欲しかったからである。ゼウスよりゲスい神は初めて見た。


ということで、カラスがいない場合、ミステリアスでイタズラ好きな狂言回しがいなくなる。「お利口そうでイタズラ好きそうで人間を困らせることもある、ちょっと格の高い奴」というポジションにいるのが、カラスなのだ。まあ誰かしらその役を埋めるだろうが、生態系の中での地位と同じく、古い神話における地位というのもあるということだ。

例えばケルトの戦神モリガン。これは地母《ちぼ》のイメージも合わせ持つ女神だが、モリガンの行くところ戦火が吹き荒れ、死屍累々《ししるいるい》となるそうである。しかも彼女はカラスを連れているとも、カラスがモリガンの化身だともいわれている。そりゃまあ、戦場に死体が転がっていれば当然カラスが群がるだろうし、それ以前に軍勢が野営していればカラスが様子を見にくるだろう。そして、人間が野営していれば当然、生ゴミが出る。カラスが進軍に付いてきてもおかしくない。そういう意味では、軍隊や戦場とカラスは切っても切れないもの、ということもあり得る。

ただ、こういった古い神たちはキリスト教の隆盛によって次第に民話や風習に名残を残す程度になっていく。

★ ゼウスはテュンダレオースの妻レーダーに近づくため白鳥に姿を変え、その結果生まれたヘレネーを祝して創造したのが白鳥座である。また牛に姿を変えてエウローペーに近づき、気を許したところで拉致した上、誇らしげに牡牛座を夜空に輝かせている。ガニュメーデスという美少年を神々の給仕にするために鷲の姿になって彼をさらい、これまた記念に鷲座を作っている。そこまで自分の犯罪歴を誇示したいか。

キリスト教におけるカラス

キリスト教においてカラスは今ひとつ、好かれていない感じである。そもそもカラスのイメージが「悪魔・魔女・魔法使い・狼・ゴシックロマン・ハードロック」といったあたりで、神の敵、もしくは神に逆らう奴が多い。ゴス系は必ずしも逆らってはいないが、映画『スリーピー・ホロウ』みたいな世界観を考えれば、あくまで「キリスト教に則《のっと》った、魔術や亡霊系」の側だ。正統派の神の側ではない気がする。★

とはいえ、キリスト教にカラスの出番がないわけではない。旧約聖書にはカラスが少なくとも2度登場する。一つは預言者イリヤのところで、迫害を避けて荒野に逃げたイリヤに、カラスが食料を運んだとされている。

これはキリスト教以前の（あるいは成立した頃の）古い信仰や世界観が紛れ込んでいる、と見ることもできるだろう。さらに、逐語《ちくご》的に解釈した場合、なんとなく現実にありそうなことでもある。カラスが人間に食べ物を持ってきてくれる理由は特にないのだが、カラスを手掛かりに食べ物を見つける方法は、なくもないだろうからだ。

例えば、カラスは餌を貯食する。実のところ、カラスの貯食を人間が狙って発見するのはかなり難しく、落ち葉に埋めたりした場合はほぼ絶望的である。何度も試したが、埋める現場を見ているにもかかわらず、まず発見できない。これは「何を埋めたかわからないので、何を探せばいいかわからない」という理由も大きい。カラスが埋めるのは、なんだかわからないものである場合もあるのだ。私が見た一番意味不明な「貯食」は、冬の田んぼで拾った藁をくわえてテクテク歩き、稲の切り株の中に丁寧に隠した例である。木を隠すなら森の中、とはいうが、なんで藁の中に藁を隠すんだあんたは。隠し場所としては完璧だが、本人もどれを隠したかわかんなくなるじゃないか。

しかしながら、カラスの貯食には「ちょっとここに置いただけ」といった、雑な場合も

★　このあたり、キリスト教といえども民間信仰を取り込んでいたりしてややこしい。例えば知り合いのナイジェリア人はクリスチャンだが、それはそれとして、現地の古い文化に根ざす祈祷師の超自然的な力も当たり前のように信じていた（☆1）。「この目で見たことがあるから確かだ」だそうである。イギリスにも清教徒的なおカタい文化がある一方（☆2）、降霊術のような超自然的な俗信も生きている。茨の魔法使いも「この島は古い魔法の国でもあるからね」と言っていたっけ。

☆1　ナイジェリア映画を「ノリウッド・ムービー」というが（Nigeria + Hollywood で Nollywood である）、かなりな確率で祈祷師が出てきて不思議な力で事態を解決してくれる。ついでに古老の教訓まで残してくれる。

☆2　メシマズで有名なイギリスだが、そもそも清教徒に禁欲的な教えがあるため、美食の快楽を追求しようという考えがなかったのが理由の一つだと聞いたことがある。英国の名誉のために言っておくと、私は行ったことがないので本当に飯がまずいかどうかは知らない。歴史の中で様々な変遷もあったろうし、ティータイムのお菓子は素晴らしいとも聞いた。ただ、しばらくイギリスに滞在した同僚によると「一回行って食べてみてくださいよ、ビックリしますよ？」だそうである。

あることはある。聖書でいう「荒野」のようなところであれば、岩の隙間などに隠した餌を見つけることは、あったかもしれない。

もっと単純に考えれば、カラスが集まっているところにはだいたい餌がある。「荒野」においてはたぶん、死んでいる動物だろうが、餌には違いない。私もカラスの調査中、タヌキやウサギの死骸にカラスが集まっているのを見たことがある。あるとき見つけたヤマドリの死骸は非常に新しかった。あれなら、食べようと思えば食べられただろう。実際、一緒にいた共同研究者は私のほうをうかがいながら「こいつ、食べようって言いださないだろうな？」と思っていたらしい。知床《しれとこ》で雪の中にエゾシカの死骸があったときも、多数のカラスが集まっていた。あれも前の夜に死んだものだったろうから、食べられたはずである。

ということで、荒野に隠れた預言者がカラスによって食べ物のありかを知る、ということは、なくはないだろう。

もっともこういう神話は無理に逐語的に理解すべきではない場合もままある。そもそも神話とは基本的に「ありえない物語」だ。ありそうな出来事ならそれは日記であって神話とはいわない。だから、こういう「ありそうな話」をこねくり回してもどこまで意味があるかは、残念ながら不明だ。

ノアの方舟のくだりは、明確にメソポタミアの古い神話からの借用である。こちらの神話ではやはり大洪水があり、やはり舟に乗って逃れ、水が引いたかどうかを調べるため、カラスが飛ばされる。カラスはその知恵を生かして陸地の証拠を持ち帰り、洪水を生き延びた人間たちは無事、上陸を果たすそうである。

ところが……旧約聖書版ではカラスが方舟から放たれたものの、帰ってこない。そして、その理由は説明されていない。洪水で死んだ動物を食べるのに夢中になっていたとか、勝手に繁殖したのでノアに追放されたとか、さんざんなバリエーションはあるようだが。

この違いは、キリスト教が古い神話を取り込み、物語を改変した結果だろう。こういう取り込みと合体はよくある話で、日本神話だって出雲《いずも》の国譲りあたりの話がなんだかチグハグなのは、出雲地方にあった神話を取り込んで当てはめてしまったせいではないか、といわれているくらいだ。ついでに素戔嗚尊《スサノヲノミコト》が出てくるたびにキャラがブレブレ（シスコンの暴れん坊にして怪物を退治する英雄、そしていつの間にか冥界の王である）なのも、いろんな伝承に出てくる違うキャラを全部まとめてしまったからという意見がある。

それはともかく、大元《おおもと》に遡《さかのぼ》って、メソポタミアの民がカラスを登場させたのはなぜか。

もちろん私は歴史学者でも文化人類学者でもないが、考えついたことは二つ。一つは、おそらくはるか昔からある「カラスは情報通」という認識だ。北米やシベリアの狩猟採集民の間でも、イソップ物語でも、カラスといえば「頭のいい奴」「ちょっと別格」扱いなのである。そのイメージに期待して、カラスに偵察してきてもらおうというのはありそうな話だ。

この印象の根拠は、おそらく、カラスがスカベンジャーであることと関連する。現代でもキャンプしていればカラスが様子を見にくることがある。狩猟のために男たちがキャンプしていれば、カラスは必ず様子を見にきただろうし、時には食料を失敬したり、獲物をつついたりしただろう。また、獲物を倒して解体していれば、どこからともなく——それこそ森の神が様子を見にきたように——出現して見下ろしていただろう。理由はもちろん、あとに残していく肉片を拾うためなのだが、これはカラスがオオカミ相手にやっていることと全く変わらない。カラスにとっては、腕のいいハンターでありさえすれば、それが四つ足でも二本足でも大きな違いはあるまい。つまり、現代人が「カラスは燃えるゴミの日を知っていて賢い」と感じるような、そういう観念を昔の人も持っていただろうな、ということである。★1

実際、チェコ共和国の新石器時代の遺跡からはワタリガラスの骨がたくさん出土している。どうも、人間が食べていたようなのだ。また、この骨に含まれる放射性同位体を調べた結果、ワタリガラスが大型草食獣を食べていたこともわかった。★2 もちろんそういった草食獣が自然死し、それを食べていたこともあり得るが、これを研究したバウマンらは「当時の人間が狩った獲物のおこぼれを拾いにきて、逆に自分が人間に食われた結果ではないか」と考えている。だとすると、数万年前から人間とカラスの間には「捕食者とスカベンジャー」という関係が成立していた可能性がある。正直、人間がカラスを食うパターンまでは考えていなかったが、確かにそれはあり得ることだ。現代のワタリガラスだって、逆にオオカミに食われてしまうこともあるからだ。

となると、貯食する死肉食者なら、カラスの代役が務まるだろう。特にその振る舞いが注意深く、神秘的ですらある場合は神に祭り上げられやすいだろう。

猛禽類は一応、貯食的な行動をする動物である。彼らは餌を隠しておいたり、食べかけで仮置きしておくことがある。カラスやカケス、ドングリキツツキのように長期間置いておいて貯金のように使う、というわけではないようだが、一応、食べさしの餌を置いてい

★1 カラスに曜日がわかるという証拠はない。「ゴミの日になるとカラスが待っている」という意見については、「カラスは毎日来ているが、ゴミがなければすぐ飛び去ってしまう」「ゴミの日はその場に長居するので、人目につきやすいだけ」という説明が可能である。

★2 Chris Baumann et.al. 2023. Evidence for hunter-gatherer impacts in raven diet and ecology in the Gravettian of Southern Moravia. Nature Ecology and Evolution.

くことはあるのだ。

となると、これはイリヤに食料を持ってくる、という話にもできるはずだ。実際イリヤの元にはカラスだけでなくハヤブサも食料を届けたとされている。ということで、このくだりは猛禽系の鳥に一本化してしまうことも、可能だろう。

もう一つの理由は航法のテクニックだ。コンパスも海図もない時代、船は陸地を見ながら航行することが多かった。そして陸地が見えなくなったときのために、鳥を積んでいたようだ。飛ばした鳥が一直線にどこかを目指すなら、そちらが陸だろう、という方法である。

特に適した種があるかどうかはわからないが、水面に降りてしまう鳥ではダメだし、あまりに飛翔力があってどこへでも平気で飛んでしまってもまずい。人に慣れやすく、比較的ゆっくり飛んでくれて、気軽に海を越えるほどの飛行家でもなく、しかも大きく真っ黒で見つけやすいカラスは、ナビゲーターとしては案外、優れものかもしれない。実際、レイフ・エリクソンというバイキングはワタリガラスに導かれてアイスランドを発見したとされている。オーディン信仰も理由だろうが、実際にカラスを船に積むことがあったのではないか。

そうなると、カラスがいない場合、大元のメソポタミア神話から、「カラスが洪水の終わった証拠を持ち帰った」という部分が消える。すると、旧約聖書からも方舟からカラスを飛ばしたり、ハトを飛ばしたりするシーンが削除になってしまう恐れはあるかもしれない。聖書の概要は大きな影響を受けないだろうが、細かいエピソードは変化しそうだ。

イスラム教におけるカラス

イスラム教ではカラスとフクロウは不吉な存在だそうである。カラスはカインとアベルの物語にも登場し、カインに弟の死体を埋める方法を教えたとされている（イスラム教でも聖書は聖典の一つである）。コーランそのものにはカラスについてあまり言及がないようだが、さて、カラスが消えたらその役目はどうなるだろう？　弟を殺したカインに死体を埋めて証拠を隠滅するように教えるのは？

これはカラスが動物の死骸を食べることと、貯食することが結びついて生まれた観念のように思える。実際、イスラムにおいて食べてはいけない不浄の動物の中にスカベンジャーがあり、ワシ、タカ、ハゲワシ、コウノトリ、ワタリガラス、カラス、コウモリがアウトだという（コウモリは死肉を食べないと思うが、そう考えられているということである）。スカベンジャーがダメなら、カラスの代役候補はほぼ全部アウトだ。なかでも貯食する奴というと、猛禽類がアウトになる可能性がある。

ということで、イスラム教でもカラスはあまりいいポジションではなさそうだが、スカベンジャーであれば扱いはほぼ一緒であって、カラスでなくてはならない理由は、なさそうだとしておこう。つまり代役ＯＫである。

仏教におけるカラス

そして仏教。

少なくとも日本に伝わった仏教にはカラスは出てこないはずだ。ただ、原始仏教は今とかなり様子が違うので、カラスがいてもおかしくはない。

ブータンの仏教では、大黒天は頭がカラスとされている。カラスヘッドの神とはなかなかラディカルだが、なぜカラスなのかは調べてもよくわからなかった。大黒天はヒンズー教のシヴァ神が仏教に取り入れられたものだが、どこかでカルラも混じってしまったのだろうか。とにかく、ブータンの国鳥はワタリガラスである。

また、南インドの言い伝えに、「近親者が死ぬと7日後に白黒のカラスになって、一度帰ってくる」というものがある。このとき、餌を与えてカラスにご馳走するそうである。7日といえば初七日を連想するし、「死者が家に帰ってくるのでもてなす」という発想は盂蘭盆会《うらぼんえ》そのものだ。ちなみにこのとき、黒いカラスも来ることがあるそうだが、こっちは悪魔の使いなので石を投げて追い払うという。

　インドで白黒のカラスといえば間違いなくイエガラスだろう。黒いカラスのほうはハシブトガラス（というか、最近ハシブトとは別種扱いになった *Corvus culminatus*）だろうか。

　とはいえ、のちの仏教にはこういった部分は取り入れられなかったようで、説法や説話にカラスが出てくる印象はあまりない。ということで、カラス抜きでも、大概の地域で仏教は成立すると思う。

　ただし、地獄に落ちると動物がいっぱいいるのも、仏教の特徴だ。殺生の罪を犯したものは等活地獄に落ちるが、その周辺地獄として、「法螺貝などで大きな音を立てて鳥獣を脅かした上で殺したもの」が落ちる「不喜処《ふきしょ》

イエガラス

地獄」がある。罪状がえらく限定的だが、地獄にはよくあることなので気にしてはいけない。とにかくこの地獄では炎の嘴をもった鳥や獣に骨の髄《ずい》まで貪《むさぼ》り食われるという。この鳥が何なのかは明らかにされていないが、カラスであっても不思議はないように思う。少なくとも『鬼灯の冷徹』（江口夏海・講談社）ではカラスっぽかった。となると、ここは変更だ。

まあ、仏教の原点を考えれば元になった風景はインド方面のはずで、そうなると屍肉や骨をついばむのはカラスではなく、ハゲワシやヒゲワシでも全く構わない。だが『鬼灯の冷徹』の作画と、ブータンの国鳥が変わることになるだろう。

宗教文化におけるカラスの代役候補

ということで、世界三大宗教はそれほど大きな変更をせずに済みそうだ。だがカラスが神であった世界において、カラスが消えてしまうといささか困る。特に北米先住民が困る。なにか、カラスに代わる「朝の鳥」を見つける必要がある。

とはいえ、これは大して問題ないだろう。夜明け前に大声で鳴き、集団ねぐらから一斉に飛び出していく鳥は、ほかにもいる。

例えばハゴロモガラスはどうだろう。カラスとついているが、カラス属ではなく、カラス科ですらない。神聖ローマ帝国と違ってカラス的な部分はある（神聖ローマ帝国は歴史家のヴォルテールに「神聖ではなくローマ的でもなく帝国ですらない」とボロクソに言われている）。

ハゴロモガラスは北米にいるムクドリ的な鳥で、羽色はカラスに似て真っ黒だ。ただし、肩（というか前腕あたり）に赤と黄色の派手な色合いがある。軍隊の礼装のエポレットのようだ。英名は Red-shouldered Blackbird である。

この鳥はカウバード（コウウチョウ）などと共に巨大な集団を作ることがある。特に渡りの時期には数百万羽もの集団になり、空を埋め尽くすように渡るのだ。

だが、しかし……正直、このサイズの鳥の

ハゴロモガラス

群れは見ていてちょっと、怖い。薄暗い空に鳥の群れが巨大な影のように蠢《うごめ》き、刻々と形を変えながら空を動き回るのである。むしろ悪魔的だ。

もう一つ、重大な問題があった。ハゴロモガラスは北米に広く分布するが、カナダでは夏鳥だ。冬の間はアメリカ南部やメキシコ方面に渡ってしまう。うーむ、北のほうでは冬の間は神様がお留守か？　しかもカナダでも北のほうや、アラスカには夏でもいない。となると、クリンギット族など、ワタリガラスの伝説を持つ部族の居住地域の多くの部分が、分布域から完全に外れてしまう。困った。ワタリガラスは何気に、とんでもない寒冷地まで住んでいる鳥なのである。

何より、ハゴロモガラスは主に湿地や農地の鳥で、そこまで積極的に人間に関わりにこない。カラスが神になった理由の一つは、彼らが人間を見ているから——無論それは教え導くためでなく、人間の活動の結果生じる餌をかっぱらうためだが——だと、私は睨《にら》んでいる。その辺が「いつも見ている／見ていてくれる」という考えを生んだのではないか。ましてお利口そうな行動も見せるカラスのこと、只者《ただもの》ではないという扱いになっても不思議はない。

神秘性があって、お利口そうで、太陽と関連しそうな鳥は意外に難しい。ここは一つ、発想を変えよう。

なぜ朝の訪《おとな》いを知らせる鳥が必要だったかといえば、夜が怖いからだ。なら、ワシミミズクあたりを「夜を守る神」として崇めてもらうほうが簡単かもしれない。

ワシミミズクは堂々たる体躯《たいく》の持ち主だ。北海道に分布するシマフクロウと近縁だが、魚食性のシマフクロウと違い、鳥や獣を食べている。カラスの天敵でもある。体の大きさはトビ並みだし、全体に羽毛がふさふさ・もふもふしているので、ボリューム感はさらに大きい。顔だって立派で、考え深げに見える。フクロウ類は鳥としては異例だが、両目が前を向いているため、妙に人間臭い、もしくはネコっぽい顔をしているからである。ネコが神であることは古代エジプトのバステト神を見るまでもなく当然のことだし、人間がネコの下僕《げぼく》なのも自明である。だいたい「ネコ」にちょいと書き足せばネ申、つまり神だ。

その上で昼間はワシにバトンタッチしてもらえば、まあ、一応24時間体制のシフト制で人間を見守ってくれることにはなるだろう。セコムみたいだが。

なお、大型の猛禽はあまり早起きではない。いや、起きてはいるかもしれないが、経験的に、あまり早い時間は飛ばない。むしろ重役出勤な気がする。

朝イチはあまり長距離・高高度を飛び回らず、手近なところで何か食べたあと、「さて探すか」とおもむろに上空を飛び始める、といった生活かもしれないが、おそらくその理由は風である。陽光で地上が温まって上昇流ができたほうが、猛禽は飛びやすいのだ。もちろん羽ばたき飛行でよければ、いつでも飛ぶことはできる。よって「朝は飛べない・飛ばない」ということはないのだが、なんとなく、早朝というイメージがあまりないのである。猛禽は意外なほど省エネな生き物で、動かないときは本当に動かない。

……やっぱりこう、「朝になると活発化する」神様、欲しい気がするが、それはそれで面白い神話もできるかもしれない。目を見開いた夜の神と、寝ぼすけの昼の神の話とか。

日本の民間信仰におけるカラス

民間信仰の一種となるだろうが、もう一つ、日本には烏天狗《からすてんぐ》というのがいた。古代には中国から天狗という言葉が入っていたが、これは流星や光球のことだったようだ。いくつかの文献には見られるが、結局、日本ではこのタイプの「天狗」は定着しなかった。

日本の天狗は密教や修験道と結びついて生じた独特のもので、我々の考える山伏姿で鼻の高い天狗は、中世以降に広まった姿である。日本の天狗は山伏のような姿で羽うちわを手にし、神通力を持ち、異界である山に住まい、時に悪さをし、また人を魔道へ誘うものとされている。結局なんなのかはよくわからないのだが、「単なる妖怪よりは神仏に近いポジションにいる、異形のもの」とでも捉えておくよりあるまい。

さて、この天狗のバリエーションの一つに、烏天狗がある。烏天狗は鼻が嘴状になっているか、あるいは完全に鳥の顔で描かれている。天狗は「人にて人ならず、鳥にて鳥ならず、犬にて犬ならず、足手は人、かしらは犬、左右に翼はえ、空を飛び歩くもの」（平家物語）というシロモノなので、鳥要素を強めたのが烏天狗、ということか。

この烏天狗なのだが、鳥面タイプは迦楼羅《カルラ》にそっくりである。迦楼羅は仏法の守護者で、インド神話のガルーダが原型。密教と天狗の関わりを考えると、迦楼羅が「烏天狗」として取り入れられたとしても、さほど不思議はないだろう。

よって烏天狗は「迦楼羅天狗」とでも名を変えていただいて構わないのではないか。音も似てるし。★

ちなみに烏天狗が大活躍する例はあまりないが、有名なところでは、鞍馬寺に預けられた牛若丸を鍛えたのが烏天狗だったといわれている。鞍馬寺《くらまでら》の奥には今も、木の根がウネウネと張り出した「木の根道」があり、牛若丸はここを駆け抜け、飛び越えて修練を積んだという（その木の根は900年前からそういう状態なんかーい、というツッコミは無しで）。

★ というか、もし本当に烏天狗の原型が迦楼羅なら、カルラという音自体が「烏」を想起しやすいのも気になる。

こうして烏天狗に剣術や体術を教わった牛若丸が元服して源クロウ義経となるのはなかなかに暗示的である。いやもちろん冗談だが、世の中には義経公ご幼少のみぎりの髑髏《しゃれこうべ》、なんてものまで伝わっているそうだから、もうなんでもアリでよかろう。カラスじゃなくてもお好きな鳥でどうぞ。

結論

三大宗教は大きく変えずに済みそうだ。ということは、世界が変わってしまうこともないだろう。だがアニミズム的な、動物に霊性や神性を与えていた宗教ではちょっと困る。とはいえ、その場合でも「カラスに似た生活史の鳥」がいれば代用できないわけではない。

しかし、カラスのように「太陽の鳥」という印象まで与える鳥は、意外と難しいかもしれない。少なくともトーテムポールはかなり違ったものになるだろう。あと、日本サッカー協会のマークは全然違うものになるはずだ。

文学からカラスが消えたら

『The Raven』

カラスが登場する文学作品は、それなりにある。有名なところではエドガー・アラン・ポーの『The Raven』。日本語では『大鴉《おおがらす》』となっていることが多いが、ワタリガラスのことである。大型のカラスなので大鴉といっても間違いというわけではないが、生物学者としてはワタリガラスと呼ばないと落ち着かない。

この詩の中で、カラスは不吉な現実を冷徹に告げる使者として登場する。ネタバレになるが説明しておくと、この散文詩は嵐の夜、突然部屋の窓が開き、一羽の大鴉が飛び込んでくるところから始まる。カラスはロウソクの灯を真っ黒な目にキラリと映して、じっと主人公を見つめる。そして主人公に向かって「もはやない（Nevermore）」と告げるのである。主人公はあれこれ言うのだが、カラスは「もはやない」しか答えない。主人公はすべてが失われたことを悟り、失意と絶望に沈んでいく。

ポー自身は「言葉を喋《しゃべ》る鳥なら別にオウムでもよかったのだが、カラスだと意外性がある」「不吉な鳥なのでちょうどよかった」としている。不吉だからちょうどいいだと？　カラスへの愛が感じられないのが非常に気に入らないが、ま、今さら責めても仕方ない。不喜処《ふきしょ》地獄でカラスにつつかれるがよい。

で、実際のところカラスは喋るのかというと、これが喋る。飼育下で教えれば「オハヨウ」「オカーサン」「カーコチャン」などと喋るのが珍しくない。海外からネット上に投稿された動画を見ていると、『大鴉』の決め台詞《ぜりふ》である「Nevermore」をワタリガラスに教えてみた、というのもある。

こういった鳥たちがなぜ人間の言葉を喋るのか、については今もって決定的な説明はない。ただ、こういった口真似のうまい鳥はだいたい社会性で、集団を作っている。その中で、ものまねが必要になる場面があった、のかもしれない。具体的にどのようなメリットがあるのかは、いまだによくわからないが。

一方、カラスが聞こえた物音を反射的に？　真似しているのは、何度か見たことがある。これを「好奇心」とか「賢いから」というのは簡単だが、ではなぜ、その好奇心が「モノマネ」という方向に発揮され、しかもいくつかの鳥で申し合わせたようにモノマネができるのか、そこが謎なのだ。

いくつかの鳥では、モノマネがメスに対するアピールになっている証拠がある。これは鳥の歌（さえずり）の複雑さが、メスを引きつけることによる。

例えば、ジュウシマツでは複雑な歌を歌うオスがモテる。この複雑さは歌の要素の数、および、組み合わせによって決まる。A、B、Cという3パターンのフレーズより、A、B、C、D、Eと使えるネタが多いだけでも複雑になる。仮にA、B、Cだけでも、ABCABCと単調に続くより、ACBBCAC、みたいに並べるほうが複雑だ。

おそらく、それだけ複雑な歌を歌えるオスは脳機能が高く、学習に時間や余力をかけられる優秀な個体である、そういう個体を選んで子孫を残すほうが有利である、という理由が、ベースにあるのだろう。

歌の複雑さはフレーズの予測不可能性として表せるが、予測不可能性……つまり意外性を増やす簡単な方法の一つは、「全然別の鳥の歌や物音をランダムに混ぜ込む」だ。これは当然のことで、元の歌をいくら組み替えようが、そこまで極度に「予期しないもの」にはならない。彼らの競争相手は同種のオスであり、同種ということは基本のフレーズは皆だいたい一緒なのだ。となれば、あとはアレンジで勝負だ。ここでいきなり他の鳥の歌を混ぜ込んでしまえば、予測不能性は跳ね上がる。

ということで、他の鳥の声を真似する鳥は結構いる。日本でもキビタキ、クロツグミなんかが有名だ。さらに、モズは他の鳥の声を真似るのが異様にうまい。これは「さえずりの中に混ぜ込む」というより、突然、他の鳥の鳴き声で鳴くのである。曲のアレンジではなくモノマネ芸人だ。どれくらいかというと、昔、小さな植え込みからウグイスの声が聞こえて、「へえ、あんなところに」と思っていたら、次はシジュウカラの声がした。ありえなくはないが、ちょっと妙だ。シジュウカラは普通、もうちょっと高い樹木の連続する場所にいるものである。不審に思っていたら、今度は何かムシクイっぽい妙な声がした。んん？？ その直後、「キーッキッキッキ！」というモズの声が聞こえ、一羽のモズが飛び出してきた。全部そいつのモノマネだったのだ。

もっとも、モズについては「他の鳥の声を真似ることでその鳥をおびき寄せて捕食する」という説もあるので、これは繁殖とはちょっと違う。もしこれが事実なら、人間の使うバードコールなんかに相当する（バードコールというのは、木製の小さな道具をひねることで鳥の声に似た音を作り、おびき寄せて捕まえる狩猟道具である）。

さて、本題に戻ろう。モノマネする鳥を登場させたいが、カラスがいなかったら？

これは問題だ。喋る鳥、というと、やはりオウム目やキュウカンチョウが一番なのである。しかし、ねえ。こいつらでは愛嬌がありすぎませんか。

いや、カラスに愛嬌がない、というわけではない。オウムやキュウカンチョウがダメというわけでもない。ないのだが、嵐の夜に突然部屋に飛び込んできて、無情にも「モハヤナイ！　モハヤナイ！」と告げる、オウム……うーん。

なんかちょっと、キャラが違う気がする。オウムというと海賊船長の肩に止まっているイメージだが、たとえ物騒な言葉を覚えて叫んだとしても、そこまでの迫力はない。

キュウカンチョウもちょっと、どうかと思う。やっぱりカラスに比べると小さくて軽いというか、凄みがないのだ。声も基本的に、高い。まあ、成人男性くらいの低い声も出せなくはないが、やりにくそうだ。これは体が小さいぶん、振動部や共鳴部も小さくて音が高くなりがちだから仕方ないのだが……。

カラスが必ずしも2枚目キャラとはいわないが、世間一般のイメージとして、コワモテではある。これは人間に刷り込まれたイメージ（黒づくめ、とか）もあるが、やはりある程度デカい動物は強そうなのだ。しかもカラスはサギのようにヒョロヒョロでもないし、嘴だって大きい。仮に敵の肩に止まっているのがカラスなら、大塚明夫的な渋い声で「やっちまいな……」と呟きそうなイメージだし、そうなればユマ・サーマンも生きては帰れなさそうである。

実際にカラスの「おしゃべり」はかなりレベルが高く、特にワタリガラスなど大型のカラスはかなりの低音域まで出せるので、キュウカンチョウより低い音域で喋れる（まあやはり、常用する音域はやや高いのだが）。そのへんを考えても、ポーの選んだ鳥が「大鴉」であったのは間違いじゃないのだ。

で、その代役はもう、なるべく大きなオウムに頑張ってもらうしかあるまい。なかでもヨウムだ。彼らは極めて知能が高い上、おしゃべりの能力もすごい。

インコ・オウムの仲間のモノマネの特徴は、鳴管だけでなく、分厚い舌を使って音を作れることだ。多くの鳥は音を作るのにあまり口腔を使っていない。嘴の形は最終的に発する音にも当然影響するが、それは蓄音機のホーンやラッパの管みたいなものであり、音を共鳴させて増幅するのが役目である。周波数を

ヨウム

細かく変化させるにはあまり役立たない。嘴という硬い構造は、唇のように自在に動かして音を制御することができないのだ。多くの鳥は舌も細くて硬く、こちらもあまり、音を作ることには貢献できない。

オウムの場合、一般の鳥よりもドラスティックに口の中の形を変えて周波数を制御できるようだ。そもそも彼らは嘴の動きが不思議である。飼っている方はよくご存知だろうが、彼らの上嘴は「開く」というより、「せり上がる」ような、スライドする動きを見せる。これはオウムの嘴基部が特殊な頭蓋《とうがい》キネシスを行うせいだ。頭蓋キネシスというのは、骨の弾性によって嘴がペコペコと反《そ》り返るように動くことをいう。鳥はだいたいこの機能があるのだが、オウムの場合、それが極端でかなり特殊なのである。

この妙な口の開き方は、彼らの餌の種類および食べ方と関係している。齧歯類が餌をカリカリと齧《かじ》るように、オウムは短く、垂直方向に発達した嘴で果肉を削り取り、さらに大きな種子を湾曲した嘴の中に固定して、垂直方向に力をかけられるからだ。ブンチョウのようなタイプともまた違う、もう一つの硬い餌を割るための嘴の形である。

カラスの嘴にはこれができない。一口で飲み込めない餌がある場合、彼らはくわえて引きちぎるか、もしくは最初に嘴でガツガツと叩いて破壊するか、だ。家庭菜園のキュウリを荒らされたことのある人ならよくご存知だろう。カラスはキュウリをもぎ取ってくると地面に置いて足で押さえ、ガツガツと叩き、飛び散った破片を食べるのである。

当然、この方法は大きな果実にも適応できる。だが、打撃力を効率よく伝え、かつ飛び散った破片を集めるためには、地面で行う必要がある。枝についたままの果実を相手にこんなことをしても果実が揺れてしまってうまく叩けないし、仮に叩き壊せても、破片は全部下に落ちてしまうだろう。そう考えると、樹上で齧り取るというオウムの食べ方は、樹上性の果実食・種子食者という生活にうまく適応しているといえる。

また、カラスの咬筋《こうきん》はかなり強力だが、あの長い嘴は「噛み割る」方向には進化していない。カラスの嘴はあくまで、何かをつついたり、肉をつまんで骨から引きちぎったりするような使い方を想定していると思われる。汎用性のあるナイフではあるかもしれないが、クルミ割り器ではない。

さて、声の話に戻る。「喋る」能力には全く問題ないオウム類だが、声質が今ひとつ渋くない点はどうするか？

ヨウムのものまねを聞いていると、彼らは実は、かなり低い音も出せる……だが常用域からは外れるのだろう、人間からするとコミカルな、高い声で喋ることが多い。なので、一つ頑張って低い声で「もはやない」と言ってもらうしかあるまい。

嵐の夜、窓がバン！　と開き、雨風が吹き込むと同時に、一羽の灰色鸚鵡《おうむ》が飛び込んでくる。そしてキャビネットに止まり、主人公を見下ろして、片足を上げてカーテンにつかまり、足と嘴を駆使してよじ登った上、お気に入りの立派な本を噛み噛みしてちぎり、ページをバラッバラに分解してこう告げるのだ。

「もはやない」

だめです。やっぱり笑えるシーンになります。カラスほどの凄み、出ません。

もう一つ、隠し球としてはコトドリという手も考えた。オーストラリアに住む地上性の鳥だが、竪琴のように湾曲して長く伸びた尾羽を突っ立てた、不思議な形である。この尾羽は水平方向になびかせることもできる。そしてお察しの通り、オスにしかない。こんな派手な飾りは当然、性淘汰によって進化したはずなのだが、コトドリはさらに、類《たぐい》まれなモノマネ能力まで持っている。

彼らが得意なのは周囲の音や他の鳥の声の真似だ。また、飼育下であれば、人工音も器用に完コピする。車のイグニッション、電動工具、カメラ、携帯ゲーム機などの音である。一眼レフカメラ（若い人はピンとこないだろうが、デジタルではなくフィルムカメラである）のシャッターとモータードライブの音を見事に真似る動画を見たことがある。ゲーム機のほうはたぶん、シューティングゲームが気に入ったのだろう。「ピシュンピシュンピシュン」と連射する電子音を、これまた見事にコピーしている動画がある。

ただ、コトドリが人間の話し声を真似て「喋る」という例が見つからなかった。あったとしても稀《まれ》なのだろう。さらに、ほぼ地上性なので窓から飛び込んでくる鳥でもない。何より、嵐の夜にウロウロしていたら、あの立派な尾羽が吹きちぎられそうである。ということで、「大鴉」の代役をコトドリに頼むのは、やめておくことにしよう。

結論

文学でカラスといえば代表格としてポーの『大鴉』を考えたが、うーん……カラスの持つちょっとダークな、それでいて人知を超えた感じ、物知り、器用、喋る、といった特徴を全部備えるのは難しそうだ。いや、カラス化したインコさんがそういう風に進化しないとはいえない。いえないのだが……現実のインコを考えると、やっぱりどこかコミカルなんである。文学界は個性的な登場人物を一人失うことになるかもしれない。

エンタメからカラスが消えたら

『ポケットモンスター』

まずはポケモン。ヤミカラスは存在しない。進化してドンカラスになることもない。ただし、あのポケモンにはかなり言いたいことがある。まず、闇夜のカラスって言葉は確かにあるが、なんで闇カラスなんだ。カラスの暗黒面に落ちたとでも言いたいのか。あとドンカラスって何やねん。生物学的に突っ込むと、カラスはドン（ボス）の命令のもとに徒党を組むわけではないから、そもそもギャング団みたいな描き方はカラスに失礼である。彼らはもっと自分勝手な烏合《うごう》の衆《しゅう》だ（褒め言葉になってないか）。

ついでに、ポケモンの「しんか」は生物学的には進化ではない。一個体が生活史の中で姿を変えるのは、幼虫が成虫になるのと同じく、単なる「変態」である。だが心配しなくてもいい。変身ヒーローの元祖、仮面ライダーの「変……身！」もたぶん変態の一種である。イナズマンはサナギマンという蛹《さなぎ》の時期があるから間違いなく完全変態だ。変態仮面など、仮面（?）をつけて変態するのだから何一つ間違っていない。色丞狂介《しきじょうきょうすけ》は堂々と

「変態仮面」を名乗ってほしい。デビルマンは悪魔の力で人間に化けていると考えれば、擬態の一種となるだろう。

『鬼滅の刃』

次。カラスが重要だったというと、一世を風靡した『鬼滅《きめつ》の刃《やいば》』の鎹鴉《かすがいがらす》だ。鬼殺隊士《きさつたいし》にはそれぞれ専属の鎹鴉がおり、本部との伝令を務めている。これは見間違いかもしれないのだが、主人公・竈門炭治郎《かまどたんじろう》が隊士になったとき、彼についたカラスはまだ口の中が赤っぽかった気がする。ならば若い個体だ。新入りには若いカラスがついて、共に成長するのかもしれない。いやまあ、そのわりにえらく尊大で「ガキ共！ ツツキ回スゾ！」などと言っているから、歴戦のベテランが新入りのサポートについたのか？

さて、これがなんでカラスかというと……日本で人の言葉を喋れる鳥といえばカラスくらいしかいないんだから、当たり前といえば当たり前だ。『鬼滅』の舞台である大正時代ならオウムも輸入できたろうが、鬼殺隊ははるか昔から活動していたのだ。奈良時代から中国経由で日本にももたらされていたとはいえ、貴重な舶来品であるオウムをそうそう手配するわけにはいかなかったろう。

さらにいえば、カラスは人の顔を覚えることもできる。だから、炭治郎のところに飛んできて「東北東ニ向カエ！」などと伝達するのも十分に可能だ。ただし、他の鳥にはできないという意味ではない。カラスでは確実に見分けられるという研究がある、という意味である。片っ端から調べたら他の鳥でも結構やれるかもしれない。

もう一つ重要なのは、八咫烏を考えればわかるように、カラスが太陽の象徴であることだ。鬼殺隊の敵である鬼は日光を弱点とする。だから、太陽の使いであるカラスが鬼殺隊の伝令を務めているのは、象徴的にも大きな意味があるといえる。

で、もしカラスがいなかったら。

……困った。日本にはそんな器用な鳥はほかにいない。仮にカラスのニッチをハゲワシやコンドルが占めていたとしても、あれがバッサバッサと舞い降りてじーっとこっちを見ていたら不気味なだけだ。しかも喋れない。どっちかというと鬼の仲間なんじゃ……。

唯一チャンスがあるとすれば、インコ・オウム類がすばやく日本にも広まった場合である。それなら、日本には昔からインコさんがいて、鋭鸚哥《いんこ》ないし鋭鸚鵡《おうむ》として鬼殺隊に使役《しえき》されていたであろう。ヨウムのアレックスのように実際に人間の言語を理解して喋っていたのでは？　という例もあるくらいだから、突発的な事態があっても自分で考えて喋ることすらできる、かもしれない。伝令にはうってつけといえる。

無論、通信に使うだけなら伝書鳩という手はなくもない。足につけた通信筒で文書を運んだっていいからだ。ただ、その場合はハト自身が見聞きしたことを伝えられない。煉獄さんが猗窩座《あかざ》に破れたとき、屋敷に飛び帰って悲報を伝えたりはできない、ということになる。

何より、伝書鳩ではなんというか、オフィシャル感があるのだ。古くはヨーロッパの僧院の間で、あるいは軍事用に、伝書鳩は使われてきた。冗談抜きに、第一次大戦あたりまでは敵の伝書鳩を撃ち落とすための鳥撃ち銃が軍で用いられていたし、タカを飛ばして妨害しようとした例もある。どっちかというと、歴史の表舞台、正史に登場する感じだ。第一、旧約聖書で仕事を果たしたのだってハトではないか。同じ任務を与えられて方舟から飛んだのに、カラスはその影に追いやられてしまっている。

だから、ハトは非公認組織である鬼殺隊にはあまり似つかわしくない気がするのだ。カラスから漂う微妙な「裏側な感じ」がいいのである。

『美少女戦士セーラームーン』

あとは……『美少女戦士セーラームーン』にもカラスがいた。セーラーマーズこと火野レイはフォボスとデイモスというカラスを連れている。元ネタ的にはオーディンの肩に止まるフギン・ムニンなのだろうが、火星のセーラー戦士に火星の2つの衛星の名を持つ2

羽とはいいセンスだ。しかも火野レイの実家は神社だから、日本神話からもちょいと拝借してカラスがちょうどいい。

　この世界からカラスが消えた場合、ここまで神話がらみの配役である以上、レイちゃんが神話のほうに合わせるしかないだろう。日本で、神の鳥で、太陽の使いとなると……。

　日本神話でカラス以外というと金鵄《きんし》、黄金《こがね》のトビだ。神武東征《じんむとうせい》の神話によると、杖の先に止まった金鵄が太陽を照り返して輝き、あまりの眩しさに敵は狙いをつけられなかったという。光と火ではちょっと意味が違うが、まあいいか？　だが、トビは全長70センチ、翼開長１６０センチ以上、体重１・５キロほどある。中学生の女の子に対して、いささかデカすぎないか。日本神話といえばセキレイもあるのだが、あれは戦闘力に不安があるし、情報通でもない。出てきた場面が場面なので、教育的指導も入りそうでもある。

　日本神話にはキジも登場しているのだが、これはちょっと、あまり縁起が良くない。

　地上を治めていた国津神《くにつかみ》に代わって、高天原《たかまがはら》から天之忍穂耳尊《アメノオシホミミノミコト》が遣わされ、地を治めることになった（というか、高天原の天津神《あまつかみ》がそう決めた）。それに先立って、天菩卑能命《アメノホヒノミコト》という神が大国主命《オオクニヌシノミコト》のところに国譲りの根回しに遣わされる。砕けた言い方をするなら、「もうすぐウチの二代目がお見えになるからな、ゴタゴタ言わんとお前んとこのシマ、天津神に譲れや」である。ところが3年たっても戻らないので、次に天若日子《アメノワカヒコ》という神が来る。来るのだが、この天若日子、大国主の娘である下光比売命《シタテルヒメノミコト》にあっさり籠絡《ろうらく》されて結婚。8年たっても高天原に戻らないので、鳴女《ナキメ》という神がキジに姿を変えて様子を見にくる。ところが天若日子は（周りにいた者にそそのかされたとはいえ）、こともあろうにこのキジを弓矢で射殺してしまう。しかもキジを射抜いて天まで飛んでいったその矢を天照大神《アマテラスオオミカミ》が拾い、天若日子の矢であることに気づく。で、天若日子の裏切りを疑った天照は「奴に邪心あるならこの矢に当たるように」と誓約して投げ返した結果、見事に命中して天若日子は死んじゃうのだが、とにかくキジは出てくるなり殺される役である。それはちょっと、まずい。おまけに天と地の喧嘩って、それでは地球の王子たる地場衛の立場がない。

となると、あとはニワトリしかいないのでは。神社にはニワトリがいたりするものだが、絵面《えづら》的にどうなんでしょうか、ね……？　まあ『動物のお医者さん』（佐々木凜子・白泉社）のヒヨちゃんみたいなのを連れていたら、とりあえず最強のセーラー戦士にはなれる。ヒヨちゃんは登場人物の誰一人として敵《かな》わない、作品中の最強生物だったからだ。「火星に代わって折檻」を待つまでもなく、前座の段階でダークキングダムを粉砕。バーニング・マンダラー不要。タキシード仮面様の出番もない。

いやまあ、肩に乗せておくならオウムという手もなくはないのである。問題は肩にオウムを乗せているというと完全に海賊船長になってしまうことであろう（カラスのいないif

世界において海賊の象徴がオウムになるかどうか、という問題もあるが、そこは突っ込まない方向で）。『カットスロート・アイランド』★も『パイレーツ・オブ・カリビアン』も嫌いじゃないのだが、セーラー戦士に似合うかなあ？

『ドリトル先生航海記』

なお、大型インコ・オウムの戦闘力についてだが、彼らの嘴はバカにならない。絶対噛まれたくない鳥の一つである。『ドリトル先生航海記』では、先生がクモサル島のバグ・ジャグデラグ族と戦った際、ブラジルからオウムの大軍が助っ人に来て、ジャグデラグの戦士が逃げ出すまでひたすら耳たぶを噛み噛みする、という凶悪な作戦を展開している（以後「ぎざぎざ耳」は彼らの間で勇敢な戦士の証《あかし》になったとか）。

そういえば、ドリトル先生シリーズにはカラスも登場している。『ドリトル先生と秘密の湖』は聖書の大洪水と方舟のサイドストーリーみたいな体裁《ていさい》だが、これに「大ガラス」

★制作費1億ドル、興行収入1000万ドル（つまり9000万ドルのマイナス）という赤字の世界記録を持つ映画だが、内容はそんなに悪くない。大赤字の理由の一つは「CGじゃなくリアルに街並みや海賊船のセットを作り、しかも全部爆破する」などという無茶をしているからだと思う。

が出てくる。この物語によると、ノアの家族のほかにも、ガザとエバーという二人の少年少女が大洪水を生き延び、のちの人類の祖先となっている。彼らは強大なマシュッ王に占領された国の住民で、奴隷として連れてこられた身の上だった。

方舟に乗ることを許されなかった二人を助けたのは大ガメのドロンコとその妻ベリンダ、そして、いざこざの絶えない方舟に嫌気がさして逃げ出した大ガラスである★。聖書によると使いに出されたのに帰ってこなかったカラスだが、実は自主的に見切りをつけて出ていったのだ！ 大ガラスはその知恵を生かしてあれこれ手助けしてくれた上、最後は二人が大西洋を渡って新天地を目指す道案内までしてくれる。さすがロフティング、わかってるじゃないか。

で、このカラスがいない場合なのだが、これは元々が聖書を皮肉ったような展開なので、聖書に準拠するしかない。カラスがいない場合、聖書に出てくるのはおそらくハヤブサになる（前述）のだが……ちょっとイメージ違うな。やはりカラスの、「身体能力よりアタマで解決する感じ」が重要なのだろう。ということで、やはりここもオウムか何かに出てきてもらうほうがよさそうである。

『劇場版パトレイバー　The Movie』

ほかにアニメでカラスの出番があるというと、例えば『劇場版パトレイバー　The Movie』。帆場《ほば》瑛一郎《えいいちろう》が飼っているワタリガラスが実にいい味を出しているが、これがＮＧになる。もっとも、ワタリガラス自体に特別な意味があったわけではない。エホバ、方舟、バベルといったキリスト教関連のタームの中で、反キリスト的存在としてワタリガラスが必要だったのだろう（帆場は「こんな退屈な世界に自分を存在させた神を許さない」と言い切る、大の神様嫌いだ）。聖書では方舟から飛び立つも帰ってこなかった、あのカラスだから登場したのだ。実際、聖書と違ってカラスは「方舟（と通称される、東京湾再開発用の海上プラットフォーム）」にちゃんと帰還している。ただ、持っていたのはオリーブの若葉ではなく、海に飛び込んで消えた帆場のＩＤタグだった。本人の生死すら無視して、システムの上では「帆場がここにいる」と表示されることへの皮肉か。あるいは、犯人を求め

★作者のヒュー・ロフティングはリベラル派で、聖書の選民思想的な部分が気に入らなかったようだ。彼の描いたノアたちはひどく俗っぽい上、神に言われたことを教条主義的になぞるだけの無能である。またマシュツ王のくだりは執筆された時代背景を反映してナチス・ドイツを批判しているという意見がある。ちなみに新天地の大陸に住むエバーとガザの子孫は「東洋人」と戦争しそうになっており、これはどうやら日米開戦を指している。

てたどり着いた先で「もはやない」と嘲笑するのが目的だったか。いずれにしても、これも「カラスがいない場合の」聖書準拠となる。そうするとハヤブサを放つのか。鷹狩りみたいで帆場のアウトロー感が出ないなあ。

ところで……冒頭、帆場に頭をなでられたワタリガラスは、ヒョイと首をすくめながら目を閉じる。この動きは実に鳥らしく、また飼い主との信頼関係も垣間みえて非常にいいシーンなのだが……最近見返していて、一つだけ気づいてしまった。このとき、カラスの目が上から下に閉じているようにも見えるのだ。鳥のまぶたは下から上に閉じる。閉じきったカットを見ると下から上のようにも見えるが、微妙。

それを除けば、ちゃんと鼻羽も描かれていて、実に素敵なワタリガラスであった。

『猫の恩返し』

スタジオジブリ版の『猫の恩返し』に登場するトトもカラスだ。いや、劇中では「彼はトト。心を持ったガーゴイルだ」と紹介されていて、一度も正式に「カラス」とは言われていないが、どう見てもハシブトガラスである。「とってきのクワの実を持ってこよう」などというセリフも、実にカラスである（カラスはクワの実を食べるし貯食もする）。

第一、ラストでは「仲間」を集めてカラスの階段を作り、上空から落下するハルたちを助けている。私は映画館でぬいぐるみを買ってしまったくらいトトさんのファンなのだが、仮にカラスがいない世界なら？

柊あおいによる原作では、トトはカササギである。カラス科だがカササギ属だからセーフ。ということで、トトには原作通りのカササギでいてもらえばいい。ただ、ぶちゃ猫のムタに「（夜だと）真っ黒で見えねーぞー」などと煽《あお》られるシーンはちょっと変えなくてはなるまい。カササギは白黒なので、「闇夜のカラス」的な煽り文句は使いにくかろう。また、「仲間」を集めるのも、ちょっと微妙。カササギをそれだけ集めるのは、日本では無理ではあるまいか？　できるとしても九州の一部くらいだろう。カササギは佐賀県を中心とする九州の一部（熊本県、福岡県にも一応

カササギ

分布する)、北海道の苫小牧、室蘭周辺にしか分布しない★。

あ、いっそ韓国でドラマ版にしてもらえば、カササギでも全く問題ない。韓国にはたくさんいて、しかも好かれているからだ。Netflixあたりでどうだろう?

まあ、トトさんの代役にはカラカラという手もある。トトは普段、石像として広場にいるが、カラカラはすっくと立った姿勢といい、風になびく冠羽といい、風采《ふうさい》は立派なものだ。なにより、主人公のハルをさらった猫たちを追って夜の街を飛び抜けるシーンが重要だ。トトは見事に追いすがっていたが、最後は振り切られる。だがカラカラならハヤブサの仲間だ。空中で鳥類を捕食する本家ハヤブサほどではないとはいえ、カラスより危なげなくアクロバットできるであろう。お茶会に持ってくるのがクワの実ではなく何かの死骸になるが、どのみちハルは食べる前に猫たちにさらわれてしまうし。

ということで、カラカラなら本物のトト以上に高性能、という点も推したい。あ、でもあそこで追撃できちゃったらハルはあっさり救出され、猫の国でのユキちゃんとの再会もなく、ムタさんの過去も明かされず、猫王とバロンの一騎打ちも見られないのか……。物語的にはあまり飛びすぎないほうが面白そうである。

「カラスのパン屋さん」シリーズ

ほかにカラスというと、かの名作「カラスのパン屋さん」シリーズ。とはいえ、あれは別にカラスでなくてもいいような気がする。まあ、カラスは「七つの子」の影響で子煩悩な感じもするのと、何かと器用そうなので似合っているといえば似合っている。これがコンドルではいささか、絵本にしにくそうだ。オウムなら別にいいと思うが、「カラスの」「パン屋さん」みたいにちょっと意外な感じは出ない。

★カササギはユーラシアに広く分布する鳥だが、なぜか日本にはほとんどいない。九州のカササギは豊臣秀吉の朝鮮出兵の際に持ち帰ったという言い伝えがある。これが事実かどうかはわからないが、遺伝子を調べると大陸のものとは多少変化しており、かなり古い時代から日本にいたのは確かだ。だがあまりに分布が局所的で、化石も出土しないので、人為的な分布と考えるのは一応、理にかなっている。
もう一つやっかいなのは、カササギはしばしば、船に乗っていることだ。船に降りてしまった個体を船員が可愛がっていたりして、次の寄港地までヒッチハイクしてくることがある。北海道の個体群はロシアのものと遺伝的にほぼ同一で、ごく最近、ロシアから来たものと考えられている。

体を構成する炭素と窒素の安定同位体を解析した結果からは、北海道のカササギはペットフードをかなり食べていたことがうかがえ、そのような餌資源が定着に有利だったと考えられる。逆に言えば、そういった餌場がなければ、仮に日本にやってきた個体がいても生き延びて繁殖するのは難しいかもしれない、ということだ。

日本海側を中心にカササギの目撃記録はいくつかあるので、飛来することがないとは言えない。だが、飛来、あるいはヒッチハイクしてくる例があっても、餌条件が合わずに人知れず消えてしまっているのかもしれない。

いや、あれは絵本なのだから、現実のカラスの行動がどうとか、喋る鳥じゃなきゃとか、そういう縛りはない。スズメとかでもいいのである。なので、カラスは案外あのポジションに向いていると思うが、別の鳥でも務まりそうだ、ということになるだろう。

ただし、鳥類学の点からは一つ、言いたいことがある。この本の「カラス」は嘴が黄色★い。ではキバシガラスか？　つまり、カラス属ではない。そして、舞台はヨーロッパアルプスなのか？

それから、パン屋さんの子供たち。彼らは顔が白いという一大特徴がある。これに当てはまりそうなのはヨーロッパのミヤマガラス、あるいはニューギニア島のハゲガオガラスだ。ミヤマガラスだとしたらキバシガラスよりずっと大きい。しかも顔の羽毛が抜けるのは大人だけだ。ハゲガオガラスなら子供のうちは羽色が褐色、大人は灰色である。

いや、無粋にも鳥類学的に突っ込みだすとキリがない。こういうのは深読みしないほうがいいのである。

『よりによってカラスになってしまった』

いくつか転生する系も挙げておこう。

転生したらスライムだったり勇者だったり、はたまた魔王だったりスローライフだったりダメ領主だったり推しのアイドルの子供だったり、畑や温泉なんて無機物転生まであって、すでにやり尽くされた感があるが、カラスに転生するというのは？ないこともない。20年以上前だと思うのだが、父親が死んでカラスになり、家族を見守っている漫画が、あったような気がするのだが……残念ながらタイトルを失念した。検索したがわからない。

最近の作品ではウェブコミックで文字通り『よりによってカラスになってしまった』というのがある。転生先ではカラスがだいぶ嫌われているようだが、原作が韓国。そもそも韓国ではカラスがほとんど繁殖しないので、あまりイメージもわかないと思うのだが。

『おやすみカラスまた来てね』

あとは『おやすみカラスまた来てね』（いくえみ綾・小学館）にもカラスが出てくる。ひょんなご縁でオーセンティックなバーを継いでしまったダメ男の物語だが、カラスは死ん

★　前にもどこかで書いたと思うが、何度でも書く。「カラス」のイラストやキャラが揃いも揃って嘴が黄色いのは全く納得いかない。カラスの嘴は鈍い金属光沢のある黒である。黄色になってしまったのはディズニーのアニメ映画『ダンボ』の印象が強すぎたのではないか、と思っている。

だ先代マスターの魂のように、時々登場する。ただし、この幻のようなカラスは白い。まあ、バーのマスターがハトやスズメでは大人しすぎるし、といってフクロウではそうそう街なかにまぎれるわけにもいかない。なんとなく神秘、あるいは霊的なイメージの、繁華街にいそうな鳥として、カラスがちょうどいいのだろう。この物語の舞台である札幌はかなりカラスが多く、しかも人間との距離が近い街である。このあたりの代役は「街なかにいて、中型から大型の、多少コワモテな感じの鳥」であればよい。つまりカラスのニッチを引き継いだ鳥なら特に問題ないはずだ。生前のマスターの面影からいえばむしろ似合うのはフクロウのような気もするけれど。

『クマとカラス』『永久機関シマエナガ』

ほんわか笑えるかと思ったら意外に重いテーマで泣かせてくれた『クマとカラス』(帆・文藝春秋)、ストレートにカワイイ推しかと思ったらオチでやっぱり泣かされた『永久機関シマエナガ』(青春・KADOKAWA)にもカラスが登場するが、これも「カラスのニッチにいる、カラス的な行動の鳥」であればよいので、オウムでもカラカラでも構わないだろう。ただ、『クマとカラス』のカラスは、かなりリアルなカラス・ライフが伏線になっているので、カラスでない鳥を代役にするなら多少ストーリーも変わるかもしれない。オチまでネタバレさせるのはやめておくが、あの漫画に対してのツッコミどころはただ一つ、「なんでハシボソガラスが山の中にいるんだ？」である。★だが、これとてクマを助けるために導かれたのだと言われれば、納得するしかあるまい。

『からすの課長さまっ』

まさかのカラス×人間のBL本、『からすの課長さまっ』『からすの旦那さまっ』（チドリアシ／イースト・プレス）だと神の鳥でなくてはならないが、まあ、これも日本神話の他の鳥にするか、なんなら神話のほうを書き換えてなんとかしてもらおう。しかしその場合、スパダリ課長さまがトビになったりニワトリになったり、はたまたオウムになったりするが……。

『深夜食堂』

最後に。

★　著者が「ハシボソガラスのイメージ」とツイートしていたはず。

さんざん「カラスは夜明けの鳥」と書いてきたが、先日、夜のシーンでカラスが登場する作品に気づいてしまった。『深夜食堂』のTVドラマ版である。オープニング映像で、三日月をバックに画面を横切っている奴がいる。夜なのでコウモリかとも思ったが、動画を一時停止して確認したら、やはりカラスだった。それも頭部や嘴の形からハシブトガラスっぽい。

舞台が新宿であることを考えればハシブトガラスが最もふさわしいし、カラスは夜間行動できないわけではない。実際、森下・樋口らの研究★では夜間、他のねぐらに移動しているカラスも見つかっている。ねぐらに侵入者があれば驚いて飛び回ることだってあるし、夜空を「カア」と鳴きながら横切るカラスを見たのも、一度や二度ではない（しょっちゅうあるわけではないが）。というわけで、夜間だから行動できない、ということはないのだ。ただ、彼らの夜間視力はおそらく、夜間にすべての行動を行うには足りないのだろう。無理に行動しても餌を探しきれず、かつ夜行性の哺乳類などに襲われる危険があり、そのくせ行動したぶんだけ腹は減ると考えれば、本領を発揮できない時間帯は休息と睡眠に当てたほうがいいだろう。

面白いのは、都会のように光の溢れた環境であっても、この習性はどうやら変化していないという点だ。かつては「都会のカラスはやがて夜行性になり、24時間体制でゴミを狙えるようになるのでは」といった声まであった。だが、そういう例は観察されていない。カラスはあれだけ都市部に適応しているのに、行動時間だけは頑なに「太陽の鳥」であることをやめようとしないのだ。

人工光を利用する鳥はいないわけではない。ツバメはしばしば、バス停や街灯などの明かりを利用し、日没後も採餌しているときがある。人工光は昆虫を呼び寄せる上、採餌時間も伸ばしてくれるのだ（もっとも働きすぎで体力を落とす危険は、もちろんある。餌の豊富な田舎で日の出ている間だけ採餌するのと、昆虫の少ない都会で、でも街灯を利用して長時間飛び回って餌を集めるのと、どっちがいいかは単純には比較できない）。アオバズクもしばしば電柱に止まり、街灯に寄ってくる大型の昆虫を狙っている。

なんにせよ、『深夜食堂』のように夜空をそっとカラスが飛びすぎることは、ないわけではない。演出として考えれば、「一日が終わり、家路へと急ぐ人々。ただ何かをやり残したような気がして、寄り道したい夜もある」というナレーションによく似合っていると思う。

★ E. Morishita et al. 2003. Movements of Crows in Urban Areas, Based on PHS Tracking. Global Environmental Research 7(2): 181-191

で、仮にカラスがいない場合——。夜空をそっと飛ぶカラスっぽいの、というと、すぐ思いつくのはゴイサギだ。ゴイサギは基本的に夜行性である。夜空から「ゴアッ」というしゃがれ声が聞こえたら、飛びながら鳴いているゴイサギだ。そのため、夜烏《よがらす》という別名まである。

新宿にゴイサギがいるか？　と思うかもしれないが、新宿駅というのはああ見えて妙な鳥が立ち寄ることがある。2020年には東口にミゾゴイが降りてきたというニュースがあった。私も2020年、2021年と続けて、東口の広場でオオヨシキリを見つけたことがある（しかも木の上でさえずっていた）。

しかし、ゴイサギがいるならやはり水辺、新宿界隈ならまずは新宿御苑《ぎょえん》だろう。

ゴイサギ

ま、「めしや」は花園神社近くらしいから、御苑からは数百メートルしか離れていない。ゴイサギが飛ぶことにしてもいい。ただ、あの一抹の寂しさは、元来が夜行性であるゴイサギでは出せないかもしれない。夜なのにねぐらに帰り損ねたように飛ぶカラスだからこそ、のシーンだ。

結論

カラスっぽい役割の鳥がいれば、それなりに交換可能。なんならゴイサギで代用できる場面さえあるだろう。ただし「神の鳥」となるとそれなりに神々しい見た目も必要なので、意外と難しいかも。

個人的には「世界に広がったカラカラ」や「雑食化した猛禽」はなかなか立派な見た目ではないかと思う。「雑食のオウム」も、いろいろやらかしそうだから、キャラクターとしては使いやすいか。だが、日暮れのカラスの何とはない寂しさは、なかなか代役が立てられないのでは。

名前からカラスが消えたら

鳥の名前からカラスが消えたら

カラスという鳥はいない。すべてがナントカガラスである。ところが――ややこしいことに、ナントカガラスとつくのにカラスじゃない鳥、というのが、世の中にはいくつもある。

例えばカワガラスはスズメ目ミソサザイ科の鳥で、カラスとは全然違う。「渓流にいてカラスみたいに黒いから川のカラスでいいよな!」という名前である。カワガラスは黒といってもこげ茶に近くて光沢もないので、カラスの黒とはだいぶ違うのだが。

さて、カラスがいない世界だと、当然カワガラスという名前にはならない。

カワガラスの異名や地方名を調べると、「かわさんざい」というのがあった。さんざいはミソサザイの意味で、かわさんざいなら川にいるミソサザイの意味だ。確かに近縁だし、短い尾をピンと立てた姿も似ている。ただ、ミソサザイ自身が細い谷間に多い鳥なので、そこへさらに「かわ」とつけるのがちょっと気になる。「みずくぐり」という異名のほうがぴったりだろう。カワガラスは渓流に飛び込み、水底を歩いて水生昆虫を捕食しているからである。意味的にはカワクグリでもいいと思うが、カヤクグリという鳥がいるので、混同しないようにそれはやめておこう。

ホシガラスという鳥もいる。生物名でホシとつくのはだいたい「白い点々がある」という意味だが、ホシガラスもその通り、焦げ茶色の体に白い斑点が散っている。高山性で、日本で最後まで巣と卵が確認されなかった鳥でもある。清棲幸保が高いツガの樹上に巣を発見したのは1956年のことだ。

ホシガラスはカラス属ではないがカラス科なので、一応、カラスの親戚ではある。「カラスが消えたら」ではカラス属がいないという想定なので、ホシガラスは存在しているはずだ。だが、カラスが存在しないのだからホシガラスとは呼べない。『野鳥の事典』（清棲幸保・東京堂出版）によると、異名はみやまがらす、ほそがらす、しろからす、ぶちがらす、やがたらす、やまがらす、ばかがらす、たかがらす、たけがらす、ごまがらす、よからす、ゆさがらす、まけがらす、ちょうせんがらす、など揃いも揃って「なんとかガラス」だ。みやまがらす、ほそがらす、ちょうせんがらすなどは若干、別種との混同が疑われるがよくわからない（こういう例は地方名を教えた人の勘違いもあるし、聞き取った側の勘違いもある）。一つだけ、「ほんかけす」という異名があるので、カケスの仲間という見方もあったようだ。だがホンカケスでは「ルリカケスやミヤマカケスではない、真のカケス」みたいに聞こえるから、ホシカケスとでも呼ぶか。

さらにいえば、キバシガラス、ベニハシガラスはどうしよう。ヨーロッパからヒマラヤの山岳に住む鳥だが、彼らもカラス科で、嘴が黄色もしくは赤色であること、小柄であることを除けば、かなりカラスっぽい。見た目だけでなく性格や行動もかなりカラス的である。英語の Chough（コフ）を採用して、コフと呼ぶことにでもしようか。あるいはアルパイン・クロウという名をもじって、ミヤマクロドリあるいはイワクロドリとでも呼ぶか。ミヤマ（深山）は日本語の鳥の名前にいくつかあり、「深山」と解釈すれば「山の上の」と取れなくもない。ただ、日本語でミヤマと

ホシガラス

つく場合は、むしろ「異国の」「知らない世界の」くらいの意味合いだったりする。イワクロドリは同じく高山性のイワヒバリからの連想である。なんならもう、アルプスクロドリとかヒマラヤクロドリと呼んでもいい。ただ、分布がアルプスとヒマラヤにまたがるのがちょっと問題だ。高山だからってコウザンクロドリは説明的すぎて美しくない。アルプは「高山」という一般的な意味もあるので、そういう意味ではアルプスクロドリのほうがいいような気もするが……。なんなら「天空にそびえる」の意味でアマクロドリとか。だがそうすると「雨黒鳥」になってしまうか。これは悩みどころである。

もっとも海外の鳥にまですべて母国語で名前をつけるというのはむしろ珍しい例だから、そこまで和語にこだわらなくてもいいかもしれない。英語もかなり世界の鳥名をフォローしているが、学名をそのまま採用している例もしばしばあり、日本ほどではない。これはかつて、黒田長禮が『鳥類原色大図説』を出したときに、当時知られていた鳥類に片っ端から和名を当てはめたせいである。そのおかげで我々は日本語で鳥の話ができる。ワライカワセミのことを「ラッフィング・クカバラ」とか「ダケロ・ノヴァエギネアエ」とか言わなくてもいい。

やっかいなのはウミガラスだ。

ウミガラスは確かに背中が黒いが、腹は白い。なので、そもそも「なんでこれがカラスよ」と言いたい。まあ、低く飛んでいる姿を船から、あるいは陸上から見れば、もしくは海上に浮いている姿なら、背中の黒が目立つかもしれないが……。

仮にカラスがいなかった場合、「ウミガラス」という名前も成立しない。ウミガラス、ハシブトウミガラスなどはどうしたらいいんだ？　ハシブトウミガラスなんてわざとやってるんじゃないかってくらい、カラスに寄った名前である。いや、ウミガラスには鳴き声から名付けられた「オロロン鳥」という別名があるので、オロロンチョウとかオロロンと呼んでも別にいいのだが、あえてそうは呼ばない場合を考えたい。

というのも、ウミガラスの仲間にはさらなる名前の変遷の歴史があるからだ。

かつて、北大西洋にはオオウミガラスという鳥がいた。これは体長80センチ、体重6キログラムもある、巨大な海鳥であった。翼は小さく、飛ぶことはできない。足が体の後方にあるので、直立姿勢で歩く。英語ではグレート・オーク（Great Auk）だが、ケルト語では「Pen-Gwyn」すなわち「ペングイン」と呼んでいた。

そう、ペンギンである。ペンギンとは、もともとオオウミガラスのことだったのだ。ところがオオウミガラスは１８４４年に絶滅してしまった。★この時点でペングインは存在しない鳥になってしまう。しかし、ヨーロッパ人は南半球でペングインによく似た、翼が小さくて直立歩行する海鳥を見つけていた。この鳥は飛ぶことができず、海中を飛ぶように泳ぐ水中生活者だった。かくして、この鳥が「南のペンギン」と呼ばれるようになり、オオウミガラスがいなくなってからは「南の」をつける必要もなくなり、こっちが「ペンギン」になってしまった。

現代人の知る「ペンギン」は、オオウミガラスの代わりにそう呼ばれるようになった鳥なのである。

となると……ウミガラス系はもう「ペンギン」でよくないか。日本にいるウミガラスは

★これはなんとも気の重くなる話だが、目を瞑るわけにもいくまい。

まず、オオウミガラスは羽毛目的に狩り尽くされた。地上性の捕食者がいない、あるいはごく少ない場所で進化した鳥にはよくあることだが、地上では動きが鈍い上、まるで警戒心がなく、いくらでも捕獲できたのである。最後にオオウミガラスが生き残ったのはアイスランドの小さな無人島だった。ところがこの島が噴火し、生息地が破壊される。なんとか逃げ延びたオオウミガラスはさらに小さな島というか岩礁を繁殖地とする。その数はわずか50羽ほどだったという。

数十羽ではもはや産業にはならない。ところが、貴重な鳥となった途端、今度は研究機関や博物館から「標本が欲しい」という依頼が増え、「獲れば売れる」ということで捕獲され、ついに最後の1ペアが殺されたのが1844年。1羽は撲殺、1羽は扼殺《やくさつ》され、巣にあった卵は割れていたという。現在、世界には80体ほどの標本が残っているが、その少なくない部分が、「絶滅寸前になったことを知りながら、その最後の一押しに加担しつつ」収集されたものであることは、博物館関係者として忘れるわけにはいかない。

小さいからコペンギン。あ、まずい。現存するオオハシウミガラスはフランス語で petit pingouin（プティ・パングワン）すなわち「小ペンギン」だ。じゃあ、オオハシウミガラスはフランス語直訳でコペンギンとし、日本にもいるウミガラスをヒガシコペンギンとかハシボソコペンギンとか呼ぶか？

となると、南半球にいるペンギンは？（ややこしいが、我々が今、ペンギンと呼んでいる鳥のほうである）。

幸い、彼らにも別の呼び名がある。例えばフランス語ではペンギンのことをマンショ（manchot）と呼ぶ。ただ、これは語源にちょっと問題があり、ラテン語の mancus：「手足に障害のある」から来ているとされる。飛べないことや、よちよち歩きからそう名付け

オオウミガラス

たようだ。もちろんフランス語のマンショにはすでに差別的な色合いはないだろうが、今から採用するのはちょっと、躊躇《ちゅうちょ》する。

だが、そもそも日本語にもペンギンを意味する言葉がある。人鳥と書いて「ジンチョウ」だ。もちろん、立って歩く姿が人間ぽいからである。ということで、ペンギンはジンチョウでいいのでは。南極に行くとアデリージンチョウやコウテイジンチョウがいるのだ。スーパーハードはイワトビジンチョウである。

あるいは、中国語で企鵝《きが》という手もある。企は爪先立ち、鵝は鵞の異字でガチョウのことだ。爪先立ちで歩くでっかい水鳥、くらいの意味だろう。画眉（フワメイ）が日本語でガビと読まれ、和名としては「ガビチョウ（画眉鳥）」となったことを考えると、企鵝鳥（キガチョウ）にでもなる、か？

ただ……ジンチョウはあまりかわいくない。キガチョウではもっとかわいくない（なんかいつも飢えていそうだ）。ペンギン大好きな私の友人はペンギンのことを「ぺんにんさん」と呼んでいたが、そういうカワイさを求めるなら、ちょっと問題であろう。

ところで、ウミ◯◯とつく鳥はウミガラスだけではない。ウミネコ、ウミバト、ウミオウムまでいる。ウミネコは海にいてニャーニャー鳴くから、あれはよくわかる。

よくわからんのはウミバトだ。確かに頭が小さく、嘴も控えめなシルエットはハトに見えなくもないのだが、そこまでハトに似ている気はしない。なんだか「カラスより小さいからハトでいいか」程度の理由じゃないの？　と思ったら、学名自体が *Cepphus columba* だった。*Cepphus* はウミスズメ科の中のウミバト属のことだが、これはアリストテレスが記述した海鳥を指すギリシャ語からきている。で、*columba* のほうは、ラテン語で「ハト」である。わあ、学名自体がウミバトだった。英名も Pigeon Guillemet で、「ハト・ウミガラス」の意味である。なるほど、それはウミバトとしたほうが混乱しない。

冗談抜きに言うと、こういった海鳥は海岸の崖で繁殖することが多く、休息するときも外敵の来ない切り立った崖の途中に、しかも集団で止まっていることがよくある。これが一斉に飛び立てば、ハトの群れのように見えるのは確かだろう。

ウミオウムのほうは丸い頭と太短い嘴からオウムとつけたのだろうが、別にオウムじゃなくてもよくない？　第一、分布は北太平洋で、これまたオウムとは何の関係もない。ウソとかシメとか、そういうフィンチ類でいいような気がする。ウミヒワ、とでも名付ければよかったのに。

いや、これも英名が Parakeet Auklet、すなわち「オウムのような小さいウミガラス」だから仕方ないのだ。オウムコウミガラスなんて直訳をつけられたら余計に混乱する。

ちなみにウミネコのほうは英名Black-tailed Gull（尾の黒いカモメ）で、非情なまでに説明的であった。

　確かに生物名はある程度説明的なほうが、姿と関連させて覚えやすい。ツグミの仲間のシロハラとアカハラなんてシルエットも行動もそっくりさんだが、腹が白ければシロハラ、赤っぽければアカハラで、実に素直である。若干どうかな？　と思うのはアカゲラで、これはそこまで赤くない。体色としては白黒である。だが、野外で見ると頭や下尾筒《かびとう》の赤がアクセント的によく見えるので、「赤が印象的なケラ」と呼んだのだろうな、と思われる。

　ちょいとやっかいなのがワタリガラスだ。渡り鳥だからワタリガラスなのだが、カラスの中で渡りを行うのはワタリガラスだけではない。日本で見られるカラスに限ってもミヤマガラスもコクマルガラスも渡る。もっといえば、ハシボソガラスやハシブトガラスだって、その一部は海を越えて移動しているはずだ。沖縄ではハシボソガラスが冬鳥であるが、当然、もっと北のほうから移動してくるわけだ。北海道でも春になるとハシブトガラスが海上に飛び出していくのが目撃されており、おそらく海を越えて渡っている個体もいると思われる。

　というわけで、「ワタリガラスって渡るんですね！　カラスにも渡り鳥がいるんですか！」と言われると、「んー……それはまあそうなんですが」と5分ほど説明しなくてはいけない。

さらにいえば、ワタリガラスは極めて分布の広い鳥である。ユーラシアから北アフリカの一部、さらに北米にまたがって生息する。このだだっ広い生息域の中で、明確に渡る個体群は、そんなに多くない。日本はたまたま、はっきりと渡り鳥だとわかる地域だったから、「ワタリガラス」と名付けてしまったのである。世界的に見れば「渡り」ガラスである地域のほうがむしろ少ないのではないか。

もし、そういった混乱を避けるならば、単純にオオガラスとでも名付けてもよかっただろう。そうすればポーの『The Raven』の翻訳についても「大鴉となっているがこれはワタリガラスのことで」などと無粋な注釈をしなくていい。

だが、長距離を飛び回り、なかなか姿を見せない神秘的な鳥にワタリガラスという名をつけたのは、言葉のセンスとしては非常にいいと思う。放浪者、バガボンド、そういう浪漫を感じるからだ。

あと、カラス○○とつく動物も結構いる。

だいたいは黒いことを示すので、クロ○○と言い換えてもさして問題ではない。カラスヘビ（シマヘビやヤマカガシの黒化型）はクロヘビでもいいし、カラスザメをクロザメと言い換えても特に問題あるまい。

一つだけ、カラスバトで妄想させていただきたい。この鳥は黒いだけでなく、カラス的な光沢まである。この章の想定は「カラスがいなければカラスという名前も存在しない」なのだが、例えば、カラスの生態学的地位を肉食化したハトが占め、大きくて黒い、でもハトっぽい、カラス的な鳥が進化してしまったら？　それは名実ともに「カラスバト」である。

人の名前からカラスが消えたら

さて、これはエンタメのほうに入れるべきかもしれないが、人名からカラスが消えたら？

『海辺のカフカ』のカフカはチェコ語の「ニシコクマルガラス」である。この本ではカラス属ではないので、歴史から消えないことにしてある。よってセーフ。

ミュージシャン・俳優として活躍するシシド・カフカは、いつも黒い服なので、コピーライターの渡辺潤平がニシコクマルガラスを意味する「カフカ」と名付けたそうである。だが、これは先に述べたように最近はカラス属ではないのでセーフ。日本語ではニシコクマル「ガラス」ではなくなっているかもしれないが、カフカは残るだろう。

なお、「変身」などで有名なチェコの小説家フランツ・カフカはスペルが違う。ニシコクマルガラスはkavkaで、人名のほうはKafkaである。フランツ・カフカがカラス好きだったのも事実らしいとはチェコ人に聞いたが、彼の名前は本名なので、ダブルミーニングでペンネームをつけた、というわけではないだろう。

同じく鳥のつくキャラとしては、『暗殺教室』の烏間惟臣も忘れてはなるまい。この人はなんでカラスなのかよくわからないのだが、部下もみんな鳥の名前がついている（鶴田博和、園川雀、鵜飼健二）。元空挺団という超一級の戦闘力からすればむしろ猛禽系の名前でもよさそうなものだが★、普段はそれを表に出

カラスバト

さず、ひたすら調整役に徹する苦労人で……あ、クロウ人だからか！

　もう一つ、これを人名と呼ぶのはどうかと思うが、擬人化も含めれば、刀剣の「小烏《こがらす》丸《まる》」も一応カラスとつく名前である。小烏丸は御物《ぎょぶつ》の名刀で、桓武天皇の元にカラスが持ってきたとも伝えられている。これが由来なら、奈良時代終わりから、せいぜい平安時代初期のものということになる。

　ただ、現在伝わる「小烏丸」がそれかどうかはよくわかっていない。現存する小烏丸は伝天国作で、刃渡り60センチほどとあまり大振りな刀ではない。だが非常に特異なのはその姿——鋒諸刃造《きっさきもろはづくり》と呼ばれる、前半が諸刃、しかも切っ先は上下から細くなった姿だ。鎬《しのぎ》は身幅の中央付近にあり、そこに樋《ひ》がある。

ニシコクマルガラス

それだけ見ればダガーかロングソードにも似ている。ところが、ちゃんと反《そ》りもついているのが特殊なのである。ソード型の直剣から、後代の日本刀へ移り変わる時代のものとされている。

その反りは馬上からの斬り合いに向いた毛抜き型太刀《たち》とも違う。毛抜き型太刀とは、手元近くに大きく反りがつき、そこから切っ先までほぼ真っ直ぐな形の太刀である。時代が下がるにつれ、太刀や刀の反りは次第に中央に移動し、全体にゆるい反りがついた形になっていく。で、「小烏丸」は元反りだが毛抜き型というほどではなく、平安中期のものと見られている。だから、（カラスが持ってきたのではないにせよ）桓武天皇に絡む「こがらすまる」があったとしたら、現存する小烏丸は2代目以降、ということになるだろう。

もっといえば、この刀は平安時代に平家が借り受けて重宝となり、壇ノ浦合戦で平家が滅亡した際に行方不明になる。ところが江戸時代、天明5（1785）年に平家の流れを汲む伊勢氏が「我が家のこの刀こそ小烏丸」と言い出し、そのわりにそのまま伊勢家が所有していて、明治維新後に対馬国の宗氏に買い取られ、明治15（1882）年に宗氏から明治天皇に献上される、という複雑怪奇な歴史を持っている。

ここで気になるのは平安末期から江戸時代までの、600年近い空白だ。うがった見方をすれば、適当な刀を小烏丸としてデッチ上げたとしても、誰にもわからない。

ところがもう一つ、江戸初期に刀剣鑑定家であった本阿弥光悦《ほんあみこうえつ》が採ったという小烏丸の拓本がある。しかし、この拓本にある銘が、現存する小烏丸にはない。

こうなると、小烏丸は一体何本あったのか、そもそも最初の小烏丸はどんな姿だったのか、いろいろ怪しくなってくるのは確かだろう。

さて、「烏」の字を持つこの刀だが、もともとは「木枯丸《こがらすまる》」だった可能性がある。刀には霊力が宿っており、名刀を地に突き立てれば周囲から精気を奪い、一夜にして木が枯れる、という伝説は各種あるからだ。妖刀村正に限らず、名のある刀とはそれくらいヤバいものでもあると認識されていたわけである。ということで、烏が使えなければ木枯に戻っていただく、という手もあるだろう。

最後に。

そのものずばり、「鴉《からす》」という名字もある。かなり珍しい名だが、比率でいえば愛媛県、広島県がまだしも多い。なかでも今治、尾道あたりに多い（といっても数十人だが）よう

★猛禽名の登場人物として、烏間の元同僚、鷹岡がいる。作品中屈指の危険人物かつ性根がとことんゲスい。

だ。大三島《おおみしま》にも数世帯あると聞いた。広島あたりは鴉のつく名がほかにもあり、鴉田、小烏、鴉超《あごし》なども見られるとのこと。由来はよくわからないのだが、鴉を名乗る一族でもいたんだろうか？　小烏なんて小烏丸を思い出させるし、そういえば平家が落ち延びたルート上でもあるが……。

また山形県天童市には烏という名字がある。これは漢の光武帝《こうぶてい》の末裔《まつえい》を名乗っているそうで、太陽信仰から烏になっているのかもしれない。

結論

カラスを「クロドリ」などと言い換えたり、古名や別名をたどったりすれば、言い換えは不可能ではないだろう。「なんとかガラス」とつくカラスじゃない鳥もいるが、これもたぶん、なんとかなる。人名で「カラス」とつく場合は、これはもう如何ともしがたい。由来に従って適当に他の名前に置き換えていただきたい。

学問からカラスが消えたら

生物学への影響は……

生物学にはモデル動物というものがある。

たとえばC・エレガンスという学名の線虫。これは土の中ならどこにでもいて、別に悪さもしない、ただそれだけの生き物である。だが、遺伝学においては極めて重要だ。早い時期に遺伝子配列が判明したので、遺伝の研究にもってこいだったのである。

ショウジョウバエもそうだ。目の色や羽の形を決定する遺伝子について、まず研究が進んだのはショウジョウバエである。ホメオボックス遺伝子などもショウジョウバエの研究でわかったものだ。これは酵素一つなどではなく、「胸部を作れ」というようなモジュールの発生を指示する遺伝子である。これがおかしくなると、胸部を2つも3つも作ってしまう例がある。だが、「なぜ、多くの昆虫の翅は2対あるのにカやハエは1対なのか」「ムカデはなんであんなに体節が多いのか」などは、ホメオボックスで説明される。「翅を作れ」を1回指示するか2回指示するか、あるいは「足のついた体節をX回作れ」といった指示を出すことで形が決まるのだ。

こういう、隅々までよく調べられており、機能と遺伝子が対応させやすく、しかも実験向き（実験室で継代飼育したり交配させたりするのがラク）な動物は、モデル動物として扱われる。遺伝学や分子進化学の論文を見るとわかるが、実験材料はC・エレガンス、ショウジョウバエ、マウス、シロイヌナズナのオンパレードである。


で、カラスはそういうモデル動物たり得るか？

遺伝学にはあまり向いていない。そもそも研究室で大量に繁殖させてストックするのに向いていない。繁殖や成長に時間がかかるのも問題だ。おまけに鳥類は実験操作して遺伝子を導入して解剖して、といった生体実験にも使いづらい。マウスくらいまでなら、まだ実験動物扱いできるのである。これは大変な差別でもあるのだが、人間は自分たちに似ていない、あるいはうんと小さい生物にはそれほど感情移入しないのもまた事実だ。アリを一匹踏んでもそんなに悩まないだろうが、犬や猫を轢いたら動揺するのがおそらく普通であろう。★第一、あの大きさのものを解剖したり保存したりするのは設備的にも面倒そうである。

生態学的にもイマイチだ。カラスは多様な環境に適応できてしまうので、自然条件の変化への反応も測りにくそうである。これがシジュウカラなら、「環境条件がこう変わったら食べている餌のサイズがこう変化しました」なんていう観察も、まだやりやすいだろう。だがカラスなら「ここでフライドチキンを食べてこっちでパンを食べてこっちでセミを食べてここでサクラの実を食べて」なんてことをやるので、餌条件がよくなったんだか悪くなったんだかわかりゃしないのである。行動圏の変化はまだしも見えると思うが、これまたカラスの「捕まえて標識するのが大変」という問題が立ちはだかる。標識できないとどれが追跡中のカラスかわからなくなる。

では繁殖生態を調べるなら？　これも問題外。先ほどの「標識が難しいのでどの個体を見ているかわからない」という重要な問題はそのままだ。個体を扱うのをやめ、ペア単位で繁殖成績を見るだけにしよう！　と思っても、カラスの巣は高い木の上にあることが多く、巣を覗くのが一苦労である。産卵時期、卵の数、卵のサイズ、雛の体重の変化、といったデータを集めるのが極めて難しい。シジュウカラなんかだと、巣箱で営巣してくれるから話が早いのである。

では歌なら？　これもダメ。カラスを飼うのは面倒だし、複雑なさえずりも持っていな

★　霊長類を実験に使うには厳しい倫理規程に従う必要があるが、イカ・タコもそうなりそうだという噂が。

い。歌の研究なら、キンカチョウ（ゼブラフィンチ）かジュウシマツが定番である。かつてはキンカチョウだったが、この鳥、実はあまり歌が複雑ではない。キンカチョウは先鞭《せんべん》をつけたが、その後、複雑な歌の研究をリードしたのは、岡ノ谷一夫らによるジュウシマツの研究である。

　ならば、人の言葉を真似ることについては？　これも……正直、パッとしない。単に音の真似をする、というだけならジュウシマツだって十分なのである。彼らは父親の歌を習いおぼえることがわかっている。そこから先、人間の言葉の意味を学習する、といった高度な部分になると、これはカラスでもちょっと荷が重い。単なる口真似ではなく、意味を理解して喋ったと思われるのはヨウムのアレックスくらいだ。となると、単なるモノマネ上手な鳥の域を出ない。だったらもっと他の飼いやすく研究しやすい鳥でいいわけだ。

　というわけで、カラスは「面白そうな鳥」ではあるが、集中的に研究することで生物学全体に寄与する、といった対象にはなりにくい。難しいばかりで生物学一般への寄与があまり期待できないとなると、そりゃ研究者も二の足を踏む。「この結果によって生物の○○への理解が深まったのです！」といった課題のほうが、業績としてありがたいし、研究資金も得やすい。よほど偏屈なカラス好きでもなければ手を出さないだろう。実際、カラスの繁殖生態などについて継続的に研究しているのはコーネル大のグループくらいである。★

動物の知能研究に一石を投じたカレドニアガラス

だが、カラスがホットな研究対象になったことはある。1990年から2010年代に

★ただし、これも彼らの研究対象であるアメリカガラスが集団繁殖的な生活史を持っている、という特徴を忘れてはいけない。その場合、集団の中で血縁関係と協力関係はどうなっているのか？　といった研究テーマが発生する。どうやら明確な一夫一妻らしいハシブトガラスやハシボソガラスの場合、あまり研究対象として旨味がないのだ。例外は2000年代に発表されたスペインのハシボソガラスの繁殖で、彼らは巣立った雛が親の縄張りに残り、翌年の繁殖を手伝うヘルパーとなることが知られている。これが面白いのはスペインでだけ確認されていることだ（☆）。さらに面白いのは、他の地域の卵を持ってきて巣に入れておくと、そこで生まれた雛はやっぱりヘルパーになることである。つまり、スペインのハシボソガラス個体群が特殊なのではなく、育った環境によってヘルパーが出てくる、ということである。ハシボソガラスはおそらく、餌条件や縄張りの得やすさによって、「親元を離れて自分で繁殖するほうがいいか、親元に留まって兄弟姉妹が育つのを助けたほうがマシか」という判断をしているということだ。もっともこれもカラス特有ではなく、様々な鳥で見られる行動が、カラスにもあった、という例である。

☆スペインでだけ、と書いたが、日本の古い論文には「ハシボソガラスは同心円構造の縄張りを持ち、前年生まれの若鳥が縄張りの外縁部に居残っている」としているものがある。これは明確にヘルパーだと書いているわけではないのだが、おそらくヘルパーの一種、あるいはヘルパーたり得た例だと思う。そう考えると、彼らの繁殖行動の可塑性は意外に高いかもしれない。

それどころか札幌では押掛女房が現れて、3羽が同じ縄張りで仲良く過ごしていたという観察例まである。このように面白い観察事例はあるのだが、さて、それが「カラスだから研究できる」ものかというと、うーん。

かけて、カレドニアガラスとワタリガラスが盛んに研究されたのである。

　1990年はカラスの、いや鳥類の、ひょっとしたら動物一般の、そして学習や知能の、研究者にとって衝撃的な年だった。ギャビン・ハントがカレドニアガラスの道具使用に関する論文を発表したのだ。

　カラスは賢い、というコンセンサスはもちろん、昔からあった。だからこそ、イソップ童話にも水甕《みずがめ》に石を投げ込んで水位を上げ、水を飲むカラスの話が出てくる。それ以外にもカラスが賢いという逸話は山ほどある。だが、それらはすべてアネクドート、つまり逸話や伝説の域を出なかった。きちんとした観察のもとに、カラスの知能を実証するような研究はあまりなかったのだ。知能の研究といえばまず類人猿だった。実際、チンパンジーは道具を使うし、自分で道具を作る。

　道具製作は知能の研究にとってはかなり衝撃的だったようだ。ヒトは万物の霊長であるから道具が使えるが、ケダモノにそんなことはできない。それが、人類が長らく信じてきたことだったからである。

　これを真っ先に崩した動物の一つは、ガラパゴス島にいるキツツキフィンチだ。この鳥はサボテンの棘《とげ》を折って道具にし、木の皮の下にいる虫をつつきだして食べることができる。あるいは、石を上から落としてダチョウの卵を割って食べるエジプトハゲワシはどうだろう。

よろしい、道具を使う動物がいることは認めよう。だが、彼らは身の回りにあるものを上手に使っただけで、道具を作ったとはいえない。目的を理解し、そのために製作してこそ、真の道具使用なのではないか？　それこそ人間だけの特徴だ！

ところが、チンパンジーが枝を折って先を噛み潰し、シロアリの巣に差し入れてシロアリを釣る行動が発見されると、この前提も崩れ去ってしまった。彼らは明らかに、枝を加工して使いやすい道具に仕立てている。潰したほうが適当に柔らかくなり、かつ面積が広がるので、シロアリを怒らせて枝に登らせるのに都合がいいのだ。何匹ものシロアリがたかってくると穴から引き抜いて、ヤキトリでも食べるようにまとめて口に入れてしまう。

というわけで、道具製作も人間の専売特許ではなくなってしまった。

よしわかった。だがチンパンジーはヒトに近縁な動物だ。やはりヒトとその仲間だけが、道具製作の能力を持っているのだ！

こうなってくると、非キリスト教徒である私には往生際が悪いとすら思えてくる。こういった「ヒトは特別」という思想の根底には、「神は自らに似せて人を作った」というキリスト教の人間観が透けて見える気がするからだ。一方で、すべての動物は人間と同じように考えることができる、という信念もナイーブすぎる。それは素直な自然観でもあるが、やはり認知能力や感覚世界は動物によって違うのだ。「自分たちとは違う存在を想定できない」というなら、それは裏返しの人間絶対主義である。それどころか、人間同士だって世界を同じように見ているという保証はない。

そういう中で、カレドニアガラスが道具を作って使う、という観察例が発表された。この観察は道具をどう作ってどう使うかまでが完全に記録されていて、疑う余地はない。彼らは葉っぱをちぎって葉柄《ようへい》を残し、その先端を噛んで曲げて道具を作る。あるいは枝の先を曲げる。このフックツールという道具は倒木の穴に潜んだカミキリムシの幼虫を釣るのに使われる。引っ掛けるのではなく、コチョコチョとくすぐって怒らせ、噛みついたところで引っ張り上げるのだ。まさに釣りである。

パンダナスツールという別の道具もあり、これはタコノキの鋸歯のある葉を割《さ》いて細長いノコギリのような形にし、これをくわえて餌を引っかける。

これによって、カレドニアガラスが驚異的な認知能力、平たくいえば知能を持っていることが判明した。しかもその知能の持ち主は霊長類ではなく、哺乳類ですらない。知能とはもっと一般化して考えるべきものだと、カレドニアガラスは示したのだ。

そこで、研究は「道具使用を可能にするほどの知能とは、どれほどのものか？　それには類人猿と共通性があるのか？」という方向に向かった。チンパンジーなどで行われた認知能力の実験が、次々にカレドニアガラスに対して行われたのである。

　これは「カラスの知能を調べる」というよりは「一般論として知的な行動というものを研究するにあたって、カラスも研究対象に加えた」というべきだろう。カラスならではの能力というものはあるはずなのだが、その点にフォーカスした研究は、あまりなかったように思う。実際、カレドニアガラスに関する研究は大半が実験室内で、飼育個体を対象に行われている。これは実験条件を統制するという意味で必須ではあるのだが、「野外でその知能がどのように発揮され、どう継承されているか」といった点については研究があまり進んでいない。カレドニアガラスは数の多い鳥ではなく、しかも森林性なので、観察が

カレドニアガラス

非常に難しいのだ。テレビなんかで見る映像はほぼ同じサイトで撮影されており、餌付けして寄せているそうである。

そういう意味では、カラスは研究材料にはなったが、カラスそのものを研究しているとはいえない部分も、なくはない。

とはいえ、カレドニアガラスがいなければ、道具使用、いや道具製作さえも、そのへんの動物にも十分あり得る、という認識はできなかったかもしれない。その後、道具使用が報告された例はいくつかある。例えばデグーというネズミの仲間も、訓練すれば道具を使って餌を引き寄せることができる。ハダカデバネズミは穴を掘るときに木の皮などをくわえ、土を吸い込まないようにしている。最近付け加わったのはホッキョクグマだ。以前から言い伝えられていたことらしいが、彼らは氷の塊を鈍器としてアザラシを殴りつけ、捕食するのが確認された。

道具とはいえないが、基質利用といって地面を利用する例なら、魚にもある。ベラの仲間には貝を岩に叩きつけて割るものがある。沖縄のヤンバルクイナも、カタツムリを地面に叩きつけて割って食べることが2022年に発表された。

どうやら南米のノガンモドキも、こういう行動をする。小動物や卵を叩きつけていたという観察があるほか、ゴルフボールを拾って舗装道路まで行き、力一杯路面に投げつける例が撮影されているからだ。この映像は「ボールで遊ぶ鳥」として紹介されていたりするが、叩きつけた際、鳥の目は完全に地面に注目している。そこに、跳ね返ったボールが上から落ちてきて、驚いたように飛びのいている。バウンドすることを予期してやっているのではなく、固い場所を探して叩きつけ、しかもそれが地面にあることを予期しているように見える——これはたぶん、餌を叩きつける行動がベースなのだと思う。

とはいえ、身近にいて、かつ「道具を使いそう」な鳥としてはやはりカラスである。「カラスは賢いから、あいつらならやるんじゃないか」という予断があったからこそ、鳥類の道具使用が認められやすかった、という面はあると思う。もしカラスがいなければ、動物の道具使用に関する研究は、多少遅れたかもしれない。

さらにワタリガラスでは認知に関する研究がいろいろある。これも実験条件下ではあるが、たとえば社会学習に関する研究では、他個体の行動を見習って紐の解き方を学習した例が報告されている。これは案外難しいことで、人間以外にできる例があまりない。ポイントは単に動きをコピーしたのではなく、自分なりのアレンジを加えて改良できるところにある。単に真似しただけなら「意味もわからずにやっている」とも考えられるが、「最初は真似から始まってコツをつかみ、さらにうまい方法を編み出した」となると、これはやっていることの意味を理解したと考えることができるからだ。

もっともこのへんはもはや解釈の問題という部分もある。ワタリガラスには自意識があるかもしれないという論文もあるのだが、私には何度読んでも今ひとつ納得できなかった。『こうするとあとで良いことがある』と判断すると行動を変化させられる、よって時間的に連続した未来の自分というものを理解しているはずだ」という結果らしいのだが、ここまでくると哲学の話のような気がしてしまう。

カラスのように知能が発達した鳥は登場するか？

と、ここに書いたのは「単にカラスがいなくなった世界」である。「カラスが最初から存在しないので、他の鳥がカラス的に進化した」世界なら、どうだろう。その鳥もカラスと同様の認知能力を発達させているだろうか？

非常に難しい問題だ。同じニッチに適応すれば、同じような進化をたどり、同じような機能を持った生物が、誕生する……かもしれない。しないかもしれない。

これは収斂《しゅうれん》進化を考えてみるとよいだろう。例えば、水中という密度の高い流体中を高速で移動する生物は、どれも滑らかな紡錘形《ぼうすいけい》である。ブリ、カツオ、マグロ、アオザメ、イルカなどだ。人間の作った潜水艦も同じである。飛行機と鳥の類似もそうだ。つまり、単純に物理法則に従うような場合は、あまり好き勝手な形や行動になれない。妖精さんのように物理法則にちょっとお願いして曲げてもらう、なんてことはできないからだ。

では知能も必ず発達するだろうか？　カラス以外にも様々な知的能力を発揮する動物は多いので、カラスという系統にだけ知能を生む特殊な性質がある、ということはない。おそらく、生活史が知的能力を要求した場合、知能が進化し得る条件が整う、ということではないか。だがそれは、その状況なら「必ず」知能が進化するという意味ではない。進化とは要するに突然変異の繰り返しであり、それ自体には目的も方向性もない。たまたま知能が発達する方向に突然変異が起こり、かつそれが十分に有利になり、さらに途中で偶然絶滅したりしない幸運に恵まれて、初めて知能は進化するだろう。

さて、するとどうなるだろう？

むろん、知能が進化するチャンスは十分にあると思う（申し訳ないが漠然と「思う」だけで、定量的に数字として弾き出すことは私にはできない）。理由は簡単、生物の驚異的な多様性、「よくそんな形質が進化したな」という例は枚挙にいとまがないからだ。

例えば、ヒマラヤに分布する、セイタカダイオウという植物がある。標高4000〜5000メートルの高山性ツンドラ気候に生育する植物だ。この環境は低温で風も強いので、ほとんどの植物は矮性化して岩にへばりつくように生えている。ところがセイタカダイオウは高さ2メートルほどの円錐形の構造がそびえ立つ、際立って大きな植物だ。セイタカダイオウの「円錐形」は花序《かじょ》の周囲を覆う、半透明の苞葉《ほうよう》（花芽を包む葉）の集合体である。直径20センチほどもある、丸い鱗状の苞葉が連なって、花序の周囲に半透明のカバーを作り上げている。

このカバーの機能は温室だ。天気のいい日なら苞葉の内部は30度近くまで温度が上がることが確かめられている。これによって植物の生育を促進しているわけだ。同時に強力な紫外線を遮る役目もある。さらに、温度を上げることで昆虫を呼び寄せ、受粉に役立てているのだろうという推測もある。寒冷な気候では熱が報酬になるのだ。

このように、自ら温室を作って促成栽培を行い、同時に受粉の問題も解決するなんていう進化が、勝手に起こっているのである。それを考えれば、知能くらいホイホイ進化しそうな気もする。

一方、そういった道筋を考えているのが、知能に大変重きをおく人間自身である、という点も考慮がいるだろう。人間はとかく身びいきしたがるものだ。「もし恐竜が絶滅しなければ、二足歩行で器用な手を持ち、大脳の発達した恐竜人類（ダイノサウロイド）が進化したはずだ」という説がある。その可能性は否定しないものの、そこまで人間に似た生物の登場を必然視するのは、いささか人間の自己満足の匂いがしないでもない。

知能とは生物の機能の一つである。知能が発達したほうがうまくやれることは、もちろんあるだろう。

ある程度の「かしこさ」は様々な動物に見られる。例えば、ラッパムシという原生動物がいる。これは単細胞生物で、ラッパ状の体で固着して暮らしている。ラッパの口のあたりには繊毛があり、これを動かして水流を作ることで餌を取り込んで生きている。ところが、異物を吸い込むと繊毛を逆転させ、吸い込んだものを吐き出す。それでも状況が改善しなければ活動を中断して縮こまってしまう。脊椎動物に見られる複雑な行動に比べたら大したことがないと思うかもしれないが、神経系も持たない生物がずいぶんと合目的的に行動しているのも事実だ。

だが、知能が極度に発達していなければ何もできないということもあるまい。例えば現在、ＡＩを駆使した「インテリジェントな」自動車が開発されている。だが、それがなければ個人が動力付きの乗り物を利用できないかといえば、そんなことはなかった。今まさに対話型ＡＩが急速に発達しつつあるが、それがなくたって人間は文章を書いていたし、コンピューターだって十分使い物になった。つまり、「あったら便利」と「なければ使い物にならない」はちょっと違うのだ。

ということで、「カラスのように」知能が発達した別の鳥が進化し繁栄する可能性は、もちろん否定しない。発達した知能が生物の生存に有利な機能となり得るのは事実だろう。生物の多様性、進化の可能性、そして鳥が進化にかけられる時間の長さを考えれば（白亜紀が終わってからでも6500万年あるのだ）、そういった鳥が進化する可能性は全く否定できない。というか、大いにあり得る。しかし、それは別に必然ではないし、普通の鳥程度のアタマでも十分に生きていられるだろうと思う。すべては「そういう機会があれば、そうなってもおかしくないね」ということだ。

残念ながら、カラスの進化しなかった世界において、カラス的な「気の利《き》いたマネをする」鳥が必ずいるとはいえないように思う。いやまあ、その場合でもオウムなんかが十分な知的能力を発揮してくれる可能性は高い。この雑なif物語では、オウムは史実通りに（あるいはそれ以上に）進化したことにしている。カラスがいなくたって、オウムの知能は彼らの進化史に沿って発達するだろう。単なる憶測だが、カラスがいなくても、何かを題材にして認知心理学の研究は進むのではないか、と思う。細かいところで様相は変わるかもしれないが。

意外にもライバルはイカとタコ？

このように認知の研究で脚光を浴びたカラスだが、どうやら一頃のブームは去ったようだ。カレドニアガラスについての実験を牽引してきたケンブリッジ大学のニコラ・クレイトンらは、最近、研究をイカやタコにシフトしている。

イカとタコ、すなわち頭足類は非常に奇妙な動物だ。まず、あれに似た体制の動物がほかにいない。体の中央に頭があり、頭から触腕が生え、内臓を収めた胴体は頭の上にある。頭の中を食道が貫通しているので、それを避けてリング状の脳が収まっている。また、タコの神経細胞にはイヌ並み、約5億個ものニューロンがあることがわかっている。もっともその半分以上は脳ではなく腕にあるのも奇妙だ。タコはどうやら8本の腕それぞれに脳的な神経の集合があり、腕1本ずつがかなり自立して動ける。しかも腕ごとに他の腕の位置を把握し、自分がどう動くかを決めているらしいという研究結果まである。それをさらに統括しているのが、頭ということか。

彼らの知的能力は極めて高く、迷路実験を行うとタコはちゃんと迷路を探索し、その構造を覚えてしまう（ただし、実験中に迷路の中で寝てしまう個体もいるそうである。岩の隙間に潜むタコにとって、迷路は快適なのだろう）。イカは鏡像認識ができるという研究がある。さらにタコは他者を見習った社会学習もできる。人間が瓶のネジ蓋を開けてみせると、自分も開けられるようになるのだ。神経系の活動を調べてみると、睡眠中に脳の活動性が変化しており、どうやら人間でいうレム睡眠、ノンレム睡眠に当たるものがありそうで、夢を見ているのではないかという推論すらある。

他者との関係性においてもタコは思わぬエピソードがある。ダイバーに懐いたというエピソードはいくつもあるし、海岸で干からびかけていたタコを海に戻してやったところ、翌日お礼を言いにきたなんて話まである（もちろん「言い」はしないが、翌日も同じ場所を歩いていたらタコが寄ってきて触腕で足に触れたという）。こういったエピソードは「そのように見えた」であって実際にどうなのかはわからないが、少なくとも「タコすげえな」と思わせるものではある。

頭足類は実際、妙な生き物なのだ。彼らには奇妙なほど発達した目があり、脊椎動物の目と同様、きちんとフォーカスを合わせて外界を認識できる。それどころか、網膜の構造は脊椎動物より上だ。脊椎動物ではどういうわけか網膜の表側、つまり光が入ってくる側に神経繊維が配置されており、視神経は束になって網膜を貫通して眼球の外に出る。この、神経が通る部分には視細胞を配置できないので、ここに光が当たっても感知できない。これが盲点である。ところが頭足類の網膜は裏側に視神経があるため、盲点ができない。設計としてはどう考えても頭足類のほうがマトモである。このようにオーパーツ並みに妙な構造と能力を誇る頭足類については、「あれは宇宙起源の生物だ」という研究者までいるくらいである。★

というわけで、万が一、お利口な鳥がいなかったとしても、お利口なイカやタコだっているからご安心を。ただ、その場合、イソップ物語が多少変化してしまうのは避けられないだろう。イカやタコはカラスほど身近に行動を見せてくれるわけではないからだ。

カラスこそ市民レベルでの研究におすすめ?

市民科学としては、どうだろう。

ここでいう市民科学というのは、一握りの専門職の学者だけがやるのではなく、そのテーマに興味のある人々の間で継続される研究活動だ。各地の自然クラブとかバードウォッチングの会が継続して記録をとっていたりするが、こういうのも立派な市民科学である。さらにいえば、夏休みの自由研究だって市民科学の一種といえる。

★ これは必ずしも冗談ではない。隕石や小惑星から生命の起源に関わりそうな物質が発見されており、地球の生命が果たして地球上でイチから発生したのか、もとになる物質が地球外のどこかで発生して地球に落ちてきたのか、そこは議論の余地があるからだ。可能性だけをいえば「その両方」ということもあるわけで、頭足類の先祖は宇宙から落ちてきた別系統の生物、という可能性も、理論的にはあり得なくはない。まあ、それにしては地球上の他の生物と共通点が多すぎやしないか、別系統なら遺伝子や体を構成する物質の組成や基礎設計が全く違ってもいいのでは、というツッコミはすぐ思いつくが。

これは科学の裾野を広げると同時に、世界で起こっていることを科学的に理解する一助になる。むろん科学的に理解することだけが認識の方法ではないのだが、科学を使うべき場面で科学的でないのは困る。

例えば、市民科学にはビッグデータ的な側面がある。科学者がどれだけ頑張っても、一人でできることには限界があるからだ。

ウグイという淡水魚の婚姻色を研究するために、釣り人のブログを参考にした、という例が実際にある。自分で婚姻色を確かめようとすると、ウグイの繁殖期中に、日本中の川でサンプルを集めまくらなくてはいけない。その代わりに、川で釣りをする人がネット上にアップしている写真をあたり、その中から婚姻色の出たウグイを探したのである。

また、とある人がツイッターに投稿したダニの写真に専門家が反応し、連絡を取って場所を聞いて確かめにいったら新種だった、という例もある。チョウシハマベダニという和名になったこのダニ、学名は *Ameronothrus twitter* である。さらにこれが話題になると、「噂のダニってこれ?」というツイートが出た。ところがくだんの専門家が見ると、どうも別種、しかも新種くさい。ということで調べたらやはり新種で、こちらはイワドハマベダニ、学名は *Ameronothrus retweet* となった。ツイッターとRTである。★

このように、一般から寄せられる情報から研究や発見が進むこともある。ただまあ……情報の大半は見間違いか思い違い、あるいは「頻度は低いが目新しい行動ではない」といったものだ。

カラスが電線の上で脚周りの羽毛を膨らませ、サイドステップを踏んで「カコッ　カコッ」と鳴いているのを、ご覧になったことはあるだろうか？　これはカラスのオスの求愛ダンスである。繁殖期初期のごく短い時期しかやらないから、あまり見かけることはないはずだ。だが、だからといってこれは「誰も知らない新発見」ではない。頻度が低いだけで、毎年やっているのである。

もっとも、瓢箪《ひょうたん》から駒《こま》、ということもある。以前、知り合いから「荒川でカワセミを見つけました！」という情報が寄せられた。だが、とても綺麗な声で鳴いていたと聞いて、「はて？」とは思った。カワセミの声はぶっ壊れた自転車のブレーキみたいなキーキー音だからだ。いやまあ、この時点でだいたい見当はついたのだが、果たして、見せられた写真に写っていたのは、イソヒヨドリのオスだった。確かに背中が青くて腹が赤いが、これ

★　と書いている間にツイッター社が買収され、Xになってしまった。だが一度決まった学名は書き換えられない。意外なところにツイッターの名は残るのだ。

はカワセミではない。しかし、イソヒヨドリがそんなところまで進出していたのは知らなかった。だから、これはカワセミの目撃記録ではなくとも、イソヒヨドリの進出記録として価値はあったのである。

さて、今のところ、カラスを市民科学的に追求しようという動きはほぼない。だが、私としては、カラスのように大型で観察しやすく、識別を間違うこともなく、非常に多彩な行動を持ち、人間との関わりも深い動物は、市民科学に向いているように思っている。繁殖期に時に攻撃的になることを考えると、小学校の自由研究に是非！　とは言いにくいのだが、その点さえ注意するなら、非常に良い題材であると思う。身近な自然というなら、カラスとはまったくもって身近な自然であり、自分と直結した野生である。日々のゴミ出しなど、まさに他人事ではないのだ。

地球の裏側で進行している自然破壊に対して義憤にかられるのは比較的簡単だが、それは自分の問題ではない、ともいえる。カラスなら、もっとリアルに「身近な問題」に他ならない。

あるいはデータの集積として、カラスの縄張りや、採餌に集まる個体数が東京の各所で観察されていたら、どうだろう？　コロナ禍において飲食店が営業自粛した際、繁華街に集まるカラスは減ったのか、そして周辺の住宅地でカラスが増えたりしたのか、ゴミ対策の進展に従ってカラスの行動圏や繁殖成功はどう変わったのか、そういった項目は、すぐわかったはずである。

カラスがいなければ、そういった科学への関心が失われる可能性は否定はできない。いやまあ、今のところ市民科学として使われているわけではないし、代わりにツバメやスズメだって、あるいはカラスの代役となる鳥だって構わないのだけれど。

結論

カラスのような鳥がいなければ、動物の道具使用がこれほど広く見られる、という認識はもう少し遅れたかもしれない。とはいえ、様々な動物が「知的」な行動を見せるので、大問題になるということはないだろう。市民科学としては（個人的には）カラスは非常に良い題材だと思っているが、ま、それもカラスでなくてはならないということはない。カラスが学術的にも興味深い鳥なのは確かだが、残念ながら、「カラスがいなければ進まない」ほど重要な生物でもない。

THE PARROT

第４幕

カラスの代役オーディション

代役最終選考の前に――

営巣場所についての再考察

さて。代役候補を考えたとき、ムクドリ、イソヒヨドリ、ハト、インコには共通して営巣場所に難があることを、改めて白状しよう。

まず、大型で樹洞営巣性の鳥は営巣場所が限定される。その点を、もう少し詳しく考えてみよう。

樹洞営巣の鳥として、最も身近なのはシジュウカラ、スズメ、ムクドリといった連中だろう。スズメはよく茂った灌木《かんぼく》の中に営巣した例もあるが、いずれにしても入り口が狭くて周囲が囲まれたところだ。

シジュウカラやスズメなら直径3センチほどの穴でも入れる。鳥の「ガワ」のかなりな部分は羽毛だからだ。実際に身の入っている部分はかなり細いので、猫と同じく、狭い隙間でもくぐり抜けられる。ムクドリになると5～6センチ必要だろう。

実際、スズメはしばしば電柱の腕木《うでぎ》の角パイプの中で営巣している。このへんは『電柱鳥類学』（三上修・岩波書店）に詳しいが、近年の電柱は電力線以外にも電話線、コンピュータ回線など取り付けるものが多く、それに伴って補機類や中継器も多いため、腕木も増える傾向にある。腕木は鉄製の角パイプが普通で、この内部がスズメの営巣場所になるわけだ。

パイプだけでなく、通信線の中継器ボックスの中やトランスの下の隙間に営巣しているのも見たことがある。シジュウカラも、フェンスを支える鉄パイプの中、郵便受けの中などで営巣しているのを見た。伏せて置いてある植木鉢の中なんて例も聞いたことがある。彼らは垂直に空いた穴でも使うことがあるのだ。切り株の中心に空いた垂直の穴の中で卵を抱いているのすら見たことがある（にしても雨が降ったら親鳥が防ぐしかなく、実につらそうである）。

こういった樹洞性鳥類には共通した悩みがある。使い勝手の良い樹洞は決して多いものではない、という点だ。その樹洞を、ありとあらゆる動物が使いたがっているのである。

巣箱を設置して繁殖期が終わったあとどうなるか見てみた、というアートを見たことがある。巣箱は鳥だけが使うのではない。ムカデやアシダカグモが入っていることもあれば、ヘビやコウモリが寝ていることもある。当然だが、鳥同士の奪い合いも熾烈《しれつ》だ。

小さい鳥のほうが小さな穴にも入れて有利だとは思うが、といってわずかでも大きいと、今度はもっと大きな鳥が入ってくる。例えば、シジュウカラ用の巣箱の入り口は28ミリくらいが適切である。32ミリになるとスズメが入るし、55ミリもあったらムクドリが分捕ってしまう。スズメなど入り口が小さすぎると見るや、嘴でガジガジ噛みまくって穴を広げてでも入り込んでくる。

というわけで、彼らの悩みは常に「適当な巣穴があるかどうか」だ。これは都市化した環境において大きな問題になり得る。日本産のムクドリより大きな樹洞営巣の鳥としてはアオバズクやフクロウがあるが、ネズミを主食とするフクロウはともかく、アオバズクの餌は大型の昆虫が中心だ。ガやセミを食べるならそれほど茂った森林である必要はない。だが、都市部にはアオバズクがそれほどいない。彼らの生息場所は餌の存在以外に、どう考えても営巣場所に左右されているだろう。★

さて、では仮に、全長40〜50センチの樹洞性鳥類がカラスの代わりに進化したとして、それはどういう分布になるだろうか。時代の変遷を追って考えてみよう。手始めに日本だ。まず、有史以前。これはある意味、最も樹洞の豊富な時代である。世界は広く樹林に覆われ、木々は伐採されることもなく大きく育ち、勝手に枯れたり、雷に打たれたりして樹洞ができる。

人間が農耕を始めても大して変化はない。おそらく「樹洞営巣性のカラス」のような鳥たち……と書くのは面倒なのでカラスムクドリとでも呼ぼうか。カラスムクドリは集落の周囲の森林に営巣し、人家近くにも出てきて餌を漁るはずだ。ただ、次第に人口が増え、社会制度も整った江戸時代には集落近郊の山々が薪炭林《しんたんりん》として利用され尽くし、かなりな部分がハゲ山になっていたはずだ。この時期には、カラスムクドリは奥山に行かないと営巣木が少ないかもしれない。だが、例えば納屋の屋根裏に住み着くなどの手もあるだろう。実際、田舎に行くと屋根裏にフクロウが営巣した、などの話も聞くことがある。少なくともフクロウ程度には身近な鳥になり得るはずである。餌条件を考えればもっと多い可能性が高い。ただし、人間が嫌がって追い出してしまうと住処がない。

もう一つ、江戸市中ならば少し話が違う。江戸の面積の半分以上は武家屋敷と寺である。どちらも緑地を抱えた場所だ。特に大名の上屋敷ともなると「庭、というか公園?」みたいなもので、シカやツルを放してあることもあったという(これは後々の金持ちも同じで、

★それ以外に、フクロウ類とカラスが極めて仲が悪く、カラスが多いとおそらく繁殖できない、という理由もあるだろう。2022年、2023年と続けて、皇居と赤坂御用地でオオタカおよびフクロウが繁殖したことが報告されているが、これは東京のカラスが減少したことと関連していると考えられる。だがそれならなぜ東京全域でなく、皇居と赤坂御用地だけ? という疑問も湧く。これについては、どちらも人の少ない大緑地であり、餌も樹木も例外的に豊富だから、という理由を考えざるを得ない。

明治・大正の富豪のお屋敷にはそういうものがいたらしい)。元禄時代の古文書などを見ると、「屋敷の庭にトビが巣を作ったのだが、これを撤去してもいいだろうか」などという公儀への問い合わせが見つかると聞いたことがある。

ということで、そんなものすごい庭ならば、カラスムクドリの1ペアや2ペアは繁殖できそうな気がする。

また、寺ならば堂宇《どうう》の存在も大きい。こういった複雑な構造の巨大建築も、寺の立ち並ぶ場所ならば、存在し得る。そういった建築物の隙間を営巣場所に利用できれば、より有利である。ドバトが「堂鳩」といわれるのは、社寺のような巨大建築を住処としたことも理由だ。

そして明治から昭和、高度経済成長そしてバブル景気と、日本の森林は減っていく。あったとしても植林が多くなる。だが、フクロウは意外とそのへんの郊外にいるのだ。例えば千葉県我孫子市、山階鳥類研究所付近でもフクロウは営巣している。奈良市内もそうだ。どちらも森林のある場所だが、人跡未踏な奥山でなくてもよい。

さらにこの時期になると人間が大型の建築物をバンバン建てている。もしこのカラスムクドリが建物にも営巣でき、かつ人為的なゴミを餌資源にしているなら、ビルや高架下や駅舎で繁殖する、都市型のスカベンジャーとして、新たな繁栄を始める可能性は否定できない。

これはイソヒヨドリ、インコなどでも同様である。

この過程で問題になるのは、どれくらいスピーディに、人間の作り出す環境に適応し、人間の存在を気にせずに繁殖できるか、だ。これぱかりは個別事例なのでなんともいえない。スズメはおそらく、2千年にわたって日本人の暮らしの近くにいた。一方、今や完全に内陸の都市にも進出したイソヒヨドリは、1990年代まで都市部で繁殖しようとはしなかったのだ。

そして忘れてはいけない。本書は『もしも世界からカラスが消えたら』であり、カラスは南米とニュージーランド、南極以外のどこにでもいるのである。世界規模で考えた場合、乾燥地や寒冷地など、樹木の少ない場所だとどうなるか。

樹洞営巣代表としてフクロウ類を考えてみよう。まず乾燥地のフクロウだが、北米のアナホリフクロウはプレイリードッグなどの古巣を使って、あるいは自分で穴を掘ってその中に住む。ということで、カラス代役が地上に巣穴を掘るということも、あり得なくはない。ただし、この場合は都市部に進出するのが難しい。都市にむき出しの地面は極めて少ないからだ。となると、この「アナホリガラス」は郊外に行かないと見られないだろう。

では寒冷地だとどうか。タイガ地帯までなら、ワシミミズクのように樹木を利用して繁殖する大型のフクロウ類がいる。よって、住めないわけではない。だがそれより先、ツンドラになると樹木が生えない。こういう場所で繁殖するといえばシロフクロウだが、彼らは地べたに産卵している。多少盛り上がった場所が多いとはいえ、卵を捕食されないのか？　と思うが、シロフクロウの防衛行動は激烈だ。聞いた話だが、うっかり近づくと人間相手でも問答無用であの鋭い爪を振るって襲ってくるらしい。

ということで、樹洞営巣性の鳥でも、これくらいは適応できるわけである。フクロウ類の繁殖生態を採用すれば、樹洞営巣性のカラスムクドリも、本家カラス同様、乾燥地から北極圏まで分布できる可能性がある。ただ、シロフクロウほどの攻撃力は持たなさそうだから、ツンドラ地帯はやっぱりちょっとキツい、かも。

カラスの代役たちが闊歩する世界へ

さてさて。

ここまで、あの手この手で、時には露骨にこじつけながら、「カラスがいなかったら世界はどうなるか」そして「カラスの代役が進化するとしたら、それは誰か」を考えてきた。次ページからはいよいよこれまでの内容を踏まえて、カラスはいないが、その代役たちがいる世界がどんなものか、考えてみよう。

スカベンジャーとしての代役

候補その1：コンドルやハゲワシ、トビ、カラカラ

スカベンジャーをもってカラスの代役とすると考えると、コンドル、ハゲワシといったスカベンジャー専門の鳥、ついでトビ、南米のカラカラの仲間が、第一候補だろう。トビとカラカラは死肉食専門とはいわないが（トビは生息地域によってかなり食性が違い、台湾では結構、鳥を食べているという）、カラスと餌が競合する程度には近しいだろう。

もっともアフリカからアジアにかけてはハゲワシ類がいるので、こちらがユーラシアを席巻するのとどちらが早いか？　ということになるだろうか。ちなみにコンドルはコンドル科でハゲワシはタカ科（ワシ・タカ科とすることもあるが、長いのでタカ科とさせてもらう）だ。現在の分類ではコンドルもタカ目としているので大分類では近しいグループだが、見た目ほど近縁ではない。なお、コンドルをコウノトリの仲間に近縁とした研究結果はその後、否定されている（進化速度が極度に遅いせいで遺伝子を分析すると近縁に見えてしまったのが原因のようだ）。

この想定に沿うなら、早朝の東京上空をハゲワシかコンドルが舞い、アメ横や渋谷センター街がゴミを漁る彼らでいっぱいになり、ほぼディスカバリーチャンネルのごとき様相を呈することになる。といってもアンデスコンドルやクロハゲワシのような、翼開長が3メートルにも達する大型種とは限らない。ヒメコンドルやエジプトハゲワシなど、トビ程度のサイズのものだっているのだ。1970年代まで都心部にもトビがいてゴミ漁りをすることもあったことを考えると、東京の空をコンドルが飛んでいたとしても、(物理的には)さほど無理のある想定ではないだろう。

とはいえ、一般論として、大型の鳥ほど人間が近づくのを嫌がる傾向があるような気はする。こういう鳥が人間を気にせずゴミ漁りをするようになるだろうか?

ありえない、とはいえないように思う。トビは本来、比較的シャイな鳥だが、餌付けによって人馴れすれば別だ。近年、海岸で人間の持っている食べ物を引ったくっていくようになったのはよく知られている。餌付けはおそらく1980年代半ばから増えたので、40年もあればトビの性格は一変するといってよい。そして、数が多く、小回りのきくライバルであるカラスがいなければ、カラスほどではないにせよ、都市部にトビ的な鳥が侵入して餌を漁ると想定しても、さほど荒唐無稽ではないだろう。

実際、南米でカラスのように振る舞っているのはクロコンドルやヒメコンドルで、街外れのゴミ捨て場に群がっているという。アフリカでのズキンハゲワシもそうだ。街なか、とまではいわないが、人間の近くまでは来る。まあ、それでもカラスよりは警戒心が強そうだが。

カラスのニッチを埋めるためにさらに小型化してくれれば、それはほぼカラスな鳥になる。アフリカなら一番大きいのはミミヒダハゲワシかマダラハゲワシ（全長1メートルほど）、次がコシジロハゲワシ（全長1メートル弱）、それからカオジロハゲワシ（全長80センチほど）で、一番小型なのがズキンハゲワシ（全長70センチ）やエジプトハゲワシ（全長65センチ）だ。大きくて強い種から優先的に餌を食べるわけだが、さらに、その後ろにオオハシガラスやムナジロガラスが待っている。となると、カラスがいない場合、もう一段階小さなハゲワシが進化してもいいわけだ。この、小型のハゲワシである「カラスハゲワシ（仮）」がカラスの代役になり得る。

では南米ではどうだろう。コンドル科のサイズを見ると、大型のコンドル（アンデスコンドル）やカリフォルニアコンドルで全長1メートル以上にもなる。ヒメコンドル、オオキガシラコンドル、トキイロコンドルで全長70～80センチ。小型のクロコンドルやキガシラコンドルなら全長60センチほど、ハシブトガラスより一回り大きいくらいだ。アフリカやユーラシアのハゲワシと比較すると、種数はやや少ないかもしれないが、大きさのレンジとしては近い。

ついでにいえば、カリブ海地域の一部ではヒメコンドルのことを「キャリオン・クロウ」あるいは「ジョン・クロウ」と呼んでいる。キャリオン・クロウは本来、ハシボソガラスのことだ。ヨーロッパ人にとって身近な鳥の名前を当てはめてしまったのだろうが、「クロウ」と呼びたくなるくらい、カラスの代役向きの鳥であったともいえるのではないか。

ここでさらなる小型種が必要なら、もちろんコンドルが小型化することを考えてもいい。だが、別の方法として、カラカラを代役にする、という手もある。

カラカラもやはり、南米に特有な鳥類で、ざっくりいえばハヤブサの仲間だ。だが、彼らは飛び回って空中で鳥を捕食するより、長い足で地上を歩くほうが得意である。餌も地上の小動物や昆虫、さらに死肉を利用する。サイズはカンムリカラカラで全長50~60センチくらい。オオタカやハヤブサ程度だが、見事に大型のカラス属のサイズでもある。

南米にカラスがいない理由として、南米にはカラスが侵入するより早く、コンドルとカラカラが進化して、スカベンジャーのニッチを占めてしまったのではないかという推測を前に書いた。逆に、ハヤブサの仲間が全世界に分布するにもかかわらず★、カラカラのような種が南米以外で進化しなかったのも、カラスという強力な競争相手がすでに北米と旧大陸を席巻していたからだ、と考えてもいいかもしれない。

カラスハゲワシvs.カラスコンドル

ところで気になるのはオーストラリアだ。オーストラリアにはコンドルもハゲワシもいない。死肉食者の役割はカラス類、そしてイヌワシに近縁と考えられるオナガイヌワシが担っている。ワシが屍肉を漁るのはピンとこないかもしれないが、猛禽は大なり小なり、スカベンジャーでもある。あの堂々たるオオワシもオジロワシもサケやエゾシカの死骸を食べているのだから、要は食えりゃいいのだ。こまけぇこたぁいいんだよ。

ただし、化石記録を見るとオーストラリアにも大型のハゲワシがいた。つい最近発表された論文によると、１９０１年に発見され、ワシのものと考えられていた化石を再検討し

★特にハヤブサ（*Falco peregrinus*）は1種で極めて分布が広い。ユーラシア、アフリカ、アメリカ大陸にまたがる。同じく広域分布種としてはミサゴ、アマサギなどがある。哺乳類ではキツネの自然分布も広い。オオカミも広域分布する種だが、現在は絶滅した地域が多く、分布は飛び飛びである。チート級なのはオカダンゴムシで、これは貨物などに紛れて世界中に広まった結果、単一種がどこにでも分布する（ただし広まった先で遺伝的多型は生じている）。原産地はヨーロッパのようだがよくわからない。

た結果、ハゲワシ類だとわかったとのことである。20世紀後半には「どうも怪しい」と思われていたようだが、判断の決め手になったのは下肢の骨が貧弱で、生きた獲物を襲える強度があるようには見えない、という事実だったという。

クリプトギプス・ラセルトスス（*Cryptogyps lacertosus*）と新たに命名されたこの化石は5万年から50万年前のものである。サイズはオナガイヌワシとほぼ同大で、これが絶滅したのち、オナガイヌワシがそのニッチを埋めるように急速に進化したか、行動を変化させてより屍肉食を行うようにしたか、だろうか。

さて、50万年前でもカラスはとっくに存在したはずなので、このクリプトギプスはカラスと共存するように進化したはずである。では、カラスがいなかったら？

オーストラリアのハゲワシは空きニッチを埋めるべく小型種が分化し、大型のハゲワシが絶滅したあとも体の小ささを生かして生き残ったかもしれない。その中から再び大型種が分化するのが早ければ、オナガイヌワシが君臨するのを阻んだかもしれない。あるいは史実通りに大型種としてはオナガイヌワシが取って代わり、大型のワシと小型のハゲワシが共存する世界になるかもしれない。

いずれにしても、カラスのいないif世界では小型化した「カラスハゲワシ」が幅を利かせている可能性も、なくはないだろう。アメリカ大陸から進出する「カラスコンドル」とどこでぶつかるか、見ものである。
アメリカ大陸とユーラシア大陸は地続きになったことがある。例えばウマの仲間は北米で進化したが、約250万年前、地続きとなったベーリング地峡を渡ってユーラシアに到達している。時系列で考えれば、300万年前に「カラスコンドル」ないし「カラスカラカラ」が南米から北米に進出、北上を続けて、ベーリング地峡を通ってユーラシアに侵入、となるだろう。一方、ハゲワシは500万年前から北米に侵入可能だ。
ただし、そうなった場合、最初の分類では全部「カラスハゲワシ」でひとまとめにされてしまい、あとになって「新大陸カラスハゲワシ」が分離され、さらには微妙な位置に分布する種がハゲワシ系かコンドル系かを議論して果てしなくモメそうではある。★
ハゲワシやコンドルも餌を探して朝から飛ぶ。ただ、大型になればなるほど、体力を使わずに滑空するため、気流を利用したがる傾向はあるかもしれない。これは捕食性の猛禽も同じ。環境アセスメントのバイトをしていると早朝はあまり猛禽が飛ばない印象があっ

★ 実際、猛禽の分類は今まさにゴロゴロ変わろうとしている。IOCの最新情報ではクマタカ属やイヌワシ属の分類がかなり変わった。見分けに苦しむオオタカ、ハイタカ、ツミのハイタカ属三兄弟にいたってはすべてバラバラの属に分かれそうだ。

た。クマタカなど昼飯時まで飛ばないという意見もあり、「見逃さないように昼飯の時間をずらしている」という人までいたくらいだ。そこまで明確ではなかったと思うが、バードウォッチングの鉄則とは違い、早朝に限るということはなかった。もちろん、風が吹き上げるのはサーマルとは限らず、斜面に当たって吹き上がる風なども利用できるから、朝イチは風が使えない、ということもない。あくまで傾向だ。小型種ならばそこまで影響を受けないかもしれないが、あるいはカラスほど「朝一番で飛ぶ」というわけではないかもしれない。

そうなると「太陽の鳥」という印象が薄れそうだ。古代中国とエジプトでは「太陽から来る鳥」が消えてしまう。となると、ヤタガラスも登場できない。日本神話は一部書き換えられ、金鶏だけが活躍するだろう。熊野大社の絵馬、府中国魂神社の団扇もカラスではなくなる。

ついでに、太陽の使いたる金烏が存在しない以上、「烏に単衣《ひとえ》は似合わない」に始まる阿部智里の「八咫烏シリーズ」も存在できない。

ただ、コンドル類は翼を広げて日光浴していることがある。これは羽毛を乾かす、殺菌するといった目的のほか、曲がった羽毛を伸ばすという役目もある。アンデスコンドルは翼を広げると3メートル、体重10キロと巨大だが、飛行中、その体重は翼が支えている。

そのため翼端部の風切羽が反り返ってしまいがちだ（翼端上反角とか翼端渦の制御とかいった意味もありそうだが）。この羽軸の曲がりを直すとき、日に当てたほうが早いという。ということで、太陽に向かって翼を広げる鳥にはなるかもしれず、そうなれば太陽信仰と何らかの結びつきを持つ可能性は、なくもないか。疑問ありだが「ナシでもない」としておこう。その場合、「八咫烏」シリーズは「ヤタコンドル」あるいは「八咫禿鷲」となり、鳥形に転身した際にいささかビジュアルが気色悪くなる恐れがあるのは残念だが。

ただ、コンドル類には一つ、大きな問題がある。彼らの営巣場所は樹上というより、崖の上だ。そういう意味では、乾燥地や山岳向きなのである。樹木を利用する場合はあるが、幹の折れた箇所の洞などだという。ハゲワシの場合、崖の場合もあるし、ミミヒダハゲワシのようにアカシアの上に巨大な巣（直径2メートル、高さ70センチなどというものもある）を作る種もあるので、もう少し営巣場所に融通が利きそうだ。小型のハゲワシが進化し、それが樹上営巣性だった場合というのが、一番カラスに近いだろう。まあ、それでもカラスよりは大きな巣を作りそうだが。

なお、カラカラの巣は樹上や大きなサボテンの上が多いので、こちらはよりカラス的。都市部でも営巣場所にはさして困らないだろう。

種子散布者としての代役は？

もう一つの問題は食性だ。多少は果実を食べるカラカラはともかく、ハゲワシやコンドルは一般に肉を食べている。彼らが果実食に適応してくれればいいが、単純に死肉食者として空白に進出しただけ、という場合、種子散布者が減ってしまう。特にカキやビワなど、果実も種子も大きな実をつける植物は散布者がいない。いやまあ、それなら新たに大型の果実食者が進化するifを考えればいいのだが、それではきりがない。となると、場合によっては、そのような植物が進化しないことさえあり得る。

そのほかカラスが散布しそうな種子としては、イチョウも含まれる。鳥はあまり食べない実だが、カラスが食べているのは見たことがある。イチョウの実を食べるというと、あとはタヌキだ。

イチョウといえば「ギンキョー・ツリー」の名で世界的に有名な生きた化石である（学名は *Ginkgo biloba* で、*Ginkgo* は銀杏の音読み「ぎんきょう」から。種小名の *biloba* は「2つの葉の」）。中生代に栄えた仲間の生き残りで、おそらく園芸種だけが生き延びており、今となっては「中国のどこかが原産」としかわからない。イチョウが栄えた時代の種子散布者には恐竜も含まれていた可能性があり、仮に恐竜を種子散布者にしていたなら、生態学的なパートナーを失っている可能性さえある。

イチョウの実といえばあの悪臭が特徴だが、原因は酪酸とエナント酸である。酪酸は要するに足の臭いなんかの原因。クセの強いチーズの臭いもこれだが、皮膚から出る老廃物が分解されても生じる。エナント酸は油が分解して生じる。つまり、どちらも「生物体が分解されつつある臭い」の一つだ。これは腐肉食者を惹きつける可能性がある。もし恐竜向けにこんな臭いが進化したなら、腐肉食専門の恐竜がいたということか。

では死肉食のコンドルがイチョウを食べてくれる可能性は？　確かにヒメコンドルが硫化メルカプタンを探知して餌を探しているという研究がある。硫化メルカプタンは腐った玉ねぎの悪臭の原因だが、これも「生物が腐っている臭い」であり、死肉食者にとっては「この臭いの元は餌ですよ」という意味になる。む、目指すところはイチョウと同じか?!

だが、残念ながら、ヒメコンドルが他の匂い物質も同様に探知しているという証拠はない。仮にヒメコンドルの嗅覚が「硫化メルカプタン専用センサー」なら、イチョウには反応しない。複数の指標を嗅ぎ分けられるなら、可能性はあるだろう。その場合なら、イチョウは遠距離を飛ぶ種子散布者を得て、絶滅せずに済むだろう。我々も茶碗蒸しや焼き銀杏で秋の味覚を楽しむことができる。

しかし、だ。だとしてもカキやビワの散布者はやっぱりいない。つまり、この世界には干し柿が存在しない可能性がある。柿の葉寿司も存在しない。どちらも私の故郷、奈良の名産品だ。地場産業保護の観点からは、大いに問題がある。

カモメに代役は務まるのか

スカベンジャーとしては、カモメ類も進化し得るだろう。特に海辺や大きな内水面の周辺では、カラスの地位をカモメが奪うことも、あり得なくはない。

例えば、知床で見た光景だ。ある民家の窓が開き、住民が庭先にポイと生ゴミを捨てた。たぶん、魚のアラか何かだったと思う。途端、付近にいたセグロカモメとオオセグロカモメがすごい勢いで群がり、先を争ってこれをきれいに食べてしまった。ハシブトガラスも近くにいたのだが、カモメを蹴散らして争奪戦に加わる様子はなかった。大型のカモメはカラスも近づけない迫力なのである。

また、スウェーデンのストックホルムもカモメの街だった。むろん、カラスはいることはいる。オープンカフェの回りにはニシコクマルガラスが待ち構えているし（誰かが席に着くと餌をねだりにくるのだ）、公園にはズキンガラスもいる。だが、船着場にはカモメの軍団がいて、観光客の注目と餌を独り占めしている。ニシコクマルガラスはカモメに蹴られないよう、必死に身をかわしながらこぼれた餌を拾い集めていた。日本でいえば、カラスとドバトの関係に近いのだ。

　カラスがいなければ、カモメはさらにその勢力範囲を拡大しているかもしれない。ただ、日本で繁殖するのはウミネコが中心で、北海道や北日本でオオセグロカモメが繁殖するくらいだから、繁殖可能な地域が制限されそうだ。カモメはどちらかというと寒いところの鳥である。

　もう一つ、カモメはほぼ果実を食べないので、そこでもやはり、カラスの役割を完全に引き継ぐことはないだろう。森林に住むのも難しいかもしれない。彼らは基本的に水辺や海岸の鳥である。営巣するのは岩場や砂礫地、せいぜい草の生えた荒地的な場所で、樹上ではない。

　とはいえ、都市部で繁殖することはあり得る。東京でも、ビルの屋上を利用してウミネコが繁殖した例はある。もっともすぐに追い払われるようで、カラス以上に繁殖を目の敵にされている感もある。カモメは集団繁殖性で、何ペアも集まって繁殖するため、それなりの広さもいるし、騒がしくてすぐバレるのである（しかも糞と餌の小魚で屋上が汚れる）。だからカラスのように都市部の全域に適応して繁殖しつつ住み続ける、という感じにはならないかもしれないし、ビルを建ててくれるまでは人里にも住みづらい、ということになってしまう。

カラスの繁殖は樹上なので、郊外ならば集落周辺の樹林を、都市化したらしたで並木や公園を利用でき、かつ意外なほど目立たない。彼らの繁殖生態は、意外と都市部にもマッチしているのである。

ということで、カモメ類もやはり、カラスの役割を完全に代替するのは難しいかもしれない。ここは却下だろう。

結論

小型のハゲワシやコンドルが進化した場合、スカベンジャーとして、あるいはゴミ漁りをする鳥として、代役は務まるかもしれない。カラカラの仲間が進出した場合もアリだ。さらに樹上営巣性なら公園や並木にも営巣する「カラス的な鳥」になる可能性はある。カモメ類は営巣場所の点でちょっと不利だ。

だが、両者とも果実食性が期待しにくいのは難点である。奈良県民としてカキの絶滅は認めがたい。どうしてもというなら、別に大型の果実食性鳥類を進化させてセットにしなくてはいけない。となると世界中にサイチョウやオオハシがいるとか、巨大ヒヨドリがそこらじゅうにいるとかいった世界になるわけだが、これ以上無茶なことを考えると頭が破裂しそうだ。残念だが、この案は却下とする。「ハゲワシが小型化し、ついでに果実食性も身につけました」という場合なら可能性があるが……いささか御都合主義がすぎるだろうか。

都市生活者としての代役

候補その2：ムクドリ、イソヒヨドリ

まず想定するのは、少なくともキュウカンチョウくらいまで大きくなった「ムクドリ」である。

東南アジアの街なかを我が物顔に歩き回り、ゴミをつついているインドハッカを見ていると、彼らはカラスの代役たる素質が十分にある。食性の点も問題ないだろう。昆虫や小動物も食べれば、果実類も利用する。ただ、ムクドリ科で死肉食に特化した種は思い浮かばなかった。すると、狩猟採集民の神には、ならないかもしれない。あれが神様扱いされる理由は、獲物を仕留めるとどこからともなく出現し、時に狩人のあとを付いてくるような行動の不思議さだと思うのだ。この行動はワタリガラスで顕著だが、オオカミなどのあとを付いていく、死肉食に特化した生物だからこそだと思う。村の周辺にいてゴミを漁っているだけでは、卑しい奴、あるいはせいぜい「イタズラ者」という印象はあっても、神性は帯びないのではないか。

ということで、仮にいたとしても、せいぜいヨーロッパのカササギくらいのポジションであろう。となると、神様ではない。だが、茶目っ気のある困ったちゃんとして親しまれる可能性はあるかも。

また、死肉食にそこまで特化しないということは、カラスが嫌がられる大きな理由である、死体漁りもないということだ。西部開拓時代のガンマンたちの墓はレイヴンストーンとは呼ばれず、ドイツで死刑囚がラアベンアアス（ワタリガラスの餌）と呼ばれることもない。

これはむしろ、今より人に愛される存在になったかもしれない、という意味でもある。カラス好きとしては「よかったね」とも思うが、いや待て。それではカラスのダークヒーロー、アウトロー的な魅力がないではないか。我ながら勝手なことを言っていると思うが、それもカラスの属性の一つなのだから仕方ない。ただ、ワシやタカ程度の死肉食性でも食べちゃダメなイスラムでは、やっぱり不浄扱いだろうか。

この案で彼らがどこまで史実の「カラス」らしくなれるかは、体の大きさと死肉食への適応の程度、となるだろう。

一方で、生態系における死骸の分解は遅くなる。ということは森林の再生産能力も少し落ちるということか。この場合……日本の植生が少し変わるかもしれない。[★1] 簡単にいえば、植生の遷移や樹林の発達が少し遅れるかもしれないということだ。妄想をたくましくすれば、日本にはもう少し草地が増える、かもしれない。

草地が増えるとどうなるか？　おそらく、ウサギとシカが増える。となるとイヌワシも狩りがしやすくなり、少しはその数を増やしたかもしれない。一方で薪炭林として利用する場合、切ったあとに木を植えて、育って、また伐採して、というサイクルが遅れる。すると江戸時代にオーバーユースで禿山《はげやま》化した入会地《いりあいち》（共有地）はさらに増え、山陰地方ではタタラ製鉄がもう少し難しくなる。製鉄には大量の燃料が必要で、しかも採鉱のために山を切り崩すので、持続させるのに相当気を遣っている。[★2]それがさらに難易度の高いものになるだろう。タタラ場といえば『もののけ姫』だが、そのラストシーンはもう少し、苛烈なものとなったかもしれない。

さらにムクドリをカラスの代役にした場合、営巣に関しては、現生のカラスとは異なる可能性が高い。この仲間は樹洞営巣のものが多いのだ。ムクドリはもちろんそうだし、キュウカンチョウも樹洞営巣である。

ここで問題になるのは大きさだ。ムクドリならば、換気口や戸袋の中、パイプ状のものが巣になる。高架道路に取り付けられた排水管とか、野球グラウンドのバックネットを支えるワイヤーに被せられたパイプの中とか、そういったところも使う。直径は5センチほどで事足りる。だが、仮にムクドリがカラス並みのサイズになった場合、入り口の直径が10センチか15センチくらいはないと体が通らないだろうし、中の広さも必要だろう。尾羽はなんとかはね上げてごまかすとしても、カラスの大きさである。小柄なイエガラスでも全長40センチあまり、ワタリガラスなら65センチもある。これほど大型で樹洞性というと、フクロウやサイチョウの巣穴みたいなものを考えなくてはいけない。これはマズい。どちらも営巣場所の少なさがネックになる鳥だ。あれほど大きな鳥が営巣できる樹洞というと、かなり直径のある木でなくてはならず、かつ、それが枯れたり腐ったりして穴になっていなくてはいけない。

カラスが街なかにこれほど住んでいられるのは、営巣場所が樹上で、街路樹や公園を利用すればわりとどこにでも繁殖できる、という理由が大きい。巨大な樹洞を必要とする鳥

★1　カラスが分解者としてどれくらい寄与しているかという研究は見つからなかったので、どの程度遅れるかは未知数である。現実には哺乳類その他がさっさと食べてしまって、大差ない可能性も無論ある。

★2　それでも製鉄は長期的に哺乳類相に影響を与えたとする研究が2023年に発表されている。ノウサギ、シカ、イノシシのような草地で採餌する中型獣にはむしろプラスに働いたようだが、ジネズミ、ヤマネ、モモンガなど小型の森林性哺乳類の多様性は下がったとのこと。これは深林が消失・分断化した場合、移動能力の小さな小型哺乳類は新たな生息地に逃避できず、絶滅後に再侵入もできないことが理由と考察されている。

は都市部でなくても繁殖しにくいのだ。一例を挙げれば、ブッポウソウは保全のために巣箱を設置しているくらいだ。台湾でもゴシキドリの保全のために巣箱（というか人工の樹洞というか）を試している。どちらも全長30センチにも満たない鳥で、これだ。

となると、市街地でこの「大型ムクドリ」が繁殖するのは、ちょっと難しい。

いや、樹洞性の強い「カラス」としてはニシコクマルガラスの例があった（厳密にいえばＩＯＣの分類ではカラス属から分離してコロエウス属になっているが）。彼らは樹洞や、崖の窪み的なところが好きだ。穴の中に小枝や枯れ草を突っ込んで巣を作ったような、ちょっと不思議な巣である。

彼らはしばしば、換気口やレンガが抜けた跡などに営巣する。とはいえ、ニシコクマルガラスの全長は33センチ程度。やはりカラスとしては相当小さい。あれがハシブトガラス並み、56センチにも達する体だと、入れるところはかなり減るのではないか。だがまあ、街にも適応できそうな樹洞営巣の例として、覚えておくことにしよう。

都市部で営巣する鳥といえば……

これはバッチリ当てはまる鳥が、都市部にこそいることを思い出そう。ドバトだ。

ドバトは都市部に多く（というか、うんざりするほど？）生息するが、彼らの営巣場所はほぼ例外なく、人工物である（同じく都市部でも見られるキジバトは樹上に営巣する）。本来は岩山の崖の割れ目とか窪みとかに営巣していたようなのだが、都市部ではビルの屋上、人の来ないベランダ★、高架の裏側、駅舎の鉄骨の上などに巣を作る。建築物はドバト的には「岩山の代用品」であり、そこに適当な「岩棚みたいなもの」「隙間みたいなもの」があれば営巣してしまうわけだ。

となると、全長30～40センチの鳥類も、樹洞性ではなく岩山に営巣するタイプであれば、おそらく都市部でも繁殖できる。現代のビル街ならば、樹木営巣が好きなハシブトガラスよりも、営巣場所に困らない可能性さえある。

そしてもう一種。岩場にいて、岩の隙間などに営巣するといえば、イソヒヨドリもそうなのだ。彼らは本来は崖地などで営巣していたのだろうが、港では消波ブロックの隙間なんかをよく利用する。進出した都市部でも、屋根裏の穴とか、鉄骨の迷路が作り出す窪みなど、わりとしっかり穴っぽいところが好きなようだ。

★ ほんの数日「来ない」だけでもよかったりするらしい。私の友人はうっかり、実験室の窓を完全に閉めないまま学会に行ってしまった。帰ってきたら、窓際にあった友人のデスクの上にハトの巣があり、座り込んだ親鳥が友人をジロリと睨みつけてきたそうである。

となると、ムクドリやイソヒヨドリがカラス化した場合、サイズをハト程度に控えめにするならば、都市部での営巣もたぶん、可能なことが実証されているといっていい。カラスほど大きくなると制限を受けそうだが。

問題は「いつから人のそばにいられるか」だ。

ドバトは「堂鳩」だといわれており、この「堂」はお堂、つまり仏閣のことである。放生会などでドバトを使ったせいもあるだろうが、ドバトが住み着くほどの大きな建物は、寺院くらいしかなかったのだろう。となると、日本で人里に定着できるのは早くて飛鳥時代から。1300年ほどあれば人間に慣れることもできた、か？　ここがちょっと微妙だ。カラスならおそらく、石器時代から人間の集団にくっついていたのである。

また、やはり「朝の鳥」という印象は、あまり残らないだろう。ムクドリの仲間はしばしば、夕方になると大きな集団ねぐらを作るので、「夕方の鳥」という印象はあるかもしれないが、「朝、太陽からやって来る鳥」という印象ではないだろう。カラスのニッチに適応して大型化したムクドリが集団で飛べば、それはもうほぼ「カラス」だと思うけれども……ムクドリか……。

なんだかカラスほどカッコいいイメージがないのは、気のせい？　単なる贔屓目《ひいきめ》？　ここでちょっと、代役になりきれなくなってきた。あと、ムクドリのねぐらはかなり騒々しい。カラス以上に騒音で嫌われるかもしれない。

なお、モノマネについては、実はムクドリの仲間も多少は可能である。人間が飼っていると、言葉っぽいものを喋ることもあるからだ。ただ、ムクドリが喋る!? という点は驚異的だが、冷静にジャッジすればそこまで上手ではない。ということで、こちらもキュウカンチョウ並みにモノマネに特化してくれない限り、「もはやない」などの名台詞はあまり期待できないだろう。

ヒタキ科としては、巨大化したイソヒヨドリを念頭においている。いや、「巨大化した」とかいうとC級動物パニック映画みたいだが。

イソヒヨドリは果実や昆虫も食べるが、意外に大きな動物も餌にしている。といってもいわゆる小動物であるが、ツバメの卵や雛くらいなら襲うことがある。なので、全長40センチくらい、現状の1・6倍くらいの長さになってくれれば、結構カラスっぽい生活史が期待できるだろう。

問題はそんな大型のヒタキがいないので、生活史の実例もないことだが、実在しないのをいいことに勝手に想像させてもらった結果である。

この場合、カラスの代役として「果実食」「そこそこ捕食性」の2点は満たしている。

問題はやっぱり死肉食に特化しないかもしれない点だ。よって、ムクドリのときと同じく、カラスっぽさが薄れる部分はあると思う。

営巣についてはどうだろう。

以前、著作の中でイソヒヨドリを「ツグミの仲間」と書いたが、ここでアップデートしておく。従来ツグミ科とされていた鳥の一部がヒタキ科に配置換えになり、イソヒヨドリもツグミ科からヒタキ科に分類が変わった。

さて、新たな分類ではイソヒヨドリはヒタキ科ノビタキ亜科となる。コマドリ属、ルリビタキ属、キビタキ属などが含まれるグループだ。このうち、コマドリやルリビタキは地上の物陰、木の根元のえぐれた窪みなど、目立たないところに巣を作る。つまり、イソヒヨドリと比較的似た、「地面の続きの、奥まったところに巣を隠す」タイプだ。

キビタキの巣は樹上だが、やはり木のウロなどを使う。どうやらこの仲間は枝を組んで樹上に巣を作るという習性がない。

となると、かなり大きな樹洞でもないと、この「カラスビタキ」は繁殖できなさそうだ。よって、仮にイソヒヨドリ的な営巣場所の柔軟性を示すとしても、やはり神社仏閣ができるまでは人里に来ない可能性がある。この点はムクドリと同じだ。

カラス属は基本、樹上営巣である。崖の上でもいい、という種はあるが、崖の上じゃなきゃイヤだという種はない。ニシコクマルガラスは壁のくぼみのようなところに巣をかけるが、ＩＯＣの最新の分類に従うとこれはカラス属ではなくコロエウス属。

どういうわけかわからないが、カラスの代役になりそうな鳥は奇妙なほど、崖営巣や樹洞営巣が多いのだ。なんとか樹上性にできないか。

……彼らの樹洞営巣は、カラスとニッチを分け合った、あるいはカラスの捕食を避けるためであると考えることはできないだろうか？　そうすると「カラスがいなければ、ムクドリやヒタキも樹上営巣になった」という可能性も、ゼロではないのでは……。いやいや。カラスがいたってオープンネストで営巣する鳥は絶滅したわけではなく、ムクドリなどが樹洞営巣だからカラスに食われずに繁栄したのだ、という証拠もない。やはりちょっと、こじつけが過ぎるだろう。となると、樹洞営巣のままで考えるしかない。

一方、ヒタキ科ならではの特徴も一つある。ヒタキ科はここに挙げるカラスの代役たちの中で唯一、美しいさえずりを持った鳥だ。よって、その声だけは、人間に嫌われないかもしれない。

ただし、大型の鳥は声も低くなりがちだということを、忘れるわけにはいかない。となると、イソヒヨドリのメロディアスなさえずりではなく、やたら長くてうるさいダミ声、言い換えればジャイアンリサイタルみたいなものを、聞かされる恐れもなくはない。その場合はさらに嫌われるであろう。

また、この仲間は朝とか夜に集団を作る習性が期待できない。ということで、「太陽の鳥」「神の鳥」という立場も生まれないだろう。世界の神話と伝説、慣習や文化、文学や芸術、ひいてはエンタメ界にもかなりの変更を強いることになりそうだ。日本サッカー協会のマークは3本足の鳥にはならないし、熊野大社も烏森神社もカラスを祀らない。オーディンの肩にフギンとムニンが止まることもおそらくないし、巡り巡って火野レイが2羽の鳥を連れているという設定も消えるであろう。船から飛ばしたカラスに導かれてアイスランドを発見したという「ワタリガラスのフローキ」は何か別の鳥を連れていって、無事にアイスランドを見つけるかもしれないが、最悪の場合、この時間線ではアイスランドが発見されないかもしれない。

その場合、アイスランド人であるレイフ・エリクソンがアメリカ大陸を「発見」することもなくなる（エリクソンは西暦997~1000年の航海でアメリカ大陸に到達しており、コロンブスの到達より500年近く早い）。……まあ、彼らは到達して居住したものの、その後の痕跡はなく、おそらく到達してもしなくてもそんなに歴史は変わらないのだが。

ただし、ヨーロッパにおいては1958年および1972年、1975年にイギリスとアイスランドの間で勃発した「タラ戦争」がある。もしアイスランドがなければタラの漁獲量はどう変動しただろう？　あまり変わらないだろうか？　タラ戦争に負けたイギリスが自信を喪失することはない、かもしれないが。さらにいえば、アイスランドがないとCod War（タラ戦争）だけではなくCold War（冷戦）のほうにも影響がある。アイスランドのケフラヴィーク基地はＮＡＴＯおよびアメリカの対ソ戦略上、重要な拠点だったからだ。

また、日本との関わりを挙げておくと、日本はクジラ肉をノルウェーとアイスランドから輸入している。需要の低迷から２０２４年度以降、アイスランドは商業捕鯨を中止するようだが、アイスランドという国がない場合、クジラ肉はさらに入手しにくいものとなっていたかもしれない。

結論

こいつら（編注：ムクドリ、イソヒヨドリ）をカラスにすると、日本の原風景すら変えてしまう恐れがでてきた。あと、鯨ベーコンやハリハリ鍋が食えなくなる（かもしれない）。いやそれくらいは許すが、さらに問題なのは東西両陣営のあり方がちょっと違ってしまう可能性だ。最悪の場合、いろいろと手違いがあって全面核戦争が勃発し、モヒカンの悪党がヒャッハーしている世界になっていたかもしれない。汚物は消毒だぁー！

……いや、レイフ・エリクソンがいなくたって、ノルウェーあたりがアイスランドを見つけていればクジラも輸入できるしNATO基地だってできるから、大差ないかもしれない。ただし永世中立国であるスウェーデン王国が先に見つけて領土にしていた場合、アイスランド島には基地ができない。いやまあそうなるとスウェーデンの国防事情自体が変わってしまうので……うん、やっぱり歴史が変わるかも。

すごく危険な気がしてきたのでこの案はなるべくナシにしたいが、他の死肉食者とセットなら、この手もアリか。

「頭がいい」鳥としての代役

候補その3：インコ、オウム類

この案には、カラスの有名な側面……いわゆる「頭がいい」という部分をきっちりフォローできるという利点がある。ムクドリやカラカラが水道の蛇口を自分で回して水を飲む、といった行動をするとはちょっと思えないのだが、インコ・オウムなら全然不思議じゃない（個人の感想です）。

私は「カラスは賢い」という紋切り型な説明は好まないのだが、彼らの記憶能力や知的能力が高いのは事実である。その点については様々な研究があるし、本書でもいくつか紹介した。

カラスは確かに、鳥の中でも体重に対する脳重が大きい部類だ。だが、それを上回るレベルなのが、ヨウムなどのインコ・オウム類の一部だ。

鳥は極端に体が軽いので、哺乳類と鳥を体重ベースで比べたりするのは注意が必要だが、鳥同士ならそこまで問題がないだろう。ということで、脳の大きさでいえば、ヨウムはカラスすら上回るレベルということになる。実際、ヨウムの中には人間の言葉の意味を理解して話していたとしか思えないものがいる。

有名なアレックスという個体は心理学者に飼われていたが、相当に高度な概念を操っていた可能性がある。例えば、リンゴが2つ、バナナが3つあったとして、アレックスに英語で「赤いのはいくつ?」と問えば「2」、「黄色いのはいくつ?」と問えば「3」と答え、「果物はいくつ?」と問えば「5」と答えたといった例だ。リンゴという一つのオブジェクトに「赤い」「果物」という複数の概念を重ね合わせ、状況に応じて正しく使い分けて、数の概念もあり、さらにそれを英語で答えていたことになる。

また、オウム類は一般に社会性があり、群れで暮らす。この点はカラスも同様だ。こういった動物は社会の中で仲間との関係性を記憶し、捌《さば》くための政治的なアタマがいる。これは知能の発達に重要な要因の一つだと考えられている。その点でも、オウム類はカラスの代役になり得るだろう。

さらにいえばオウム類は喋るのが得意だ。カラスも飼育していればよく喋る鳥なのだが、オウムはさらに上手い。これは神っぽさの演出として完璧である。ただ、若干、声がコミカルなのは勘弁してもらうしかない。

また、彼らはとにかく、イタズラ者である。「Kea, GoPro」などで動画を検索していただくと出てくると思うが、ちょっと目を離した隙にアクションカメラをケアに持ち逃げされ、しかもカメラが作動中だったものだから鳥に掴まれて空を飛んでいる映像がバッチリ写っているものもある。

　イタズラ好きはケアだけではない。オーストラリアではこの数年の間にキバタン（レモン色の冠羽を持った、真っ白な大型のオウム）が市街地でゴミ箱を開ける方法を覚え、問題になっている。彼らは足で物を掴んでハンドリングするのが上手な上、嘴を第三の足、あるいは手、もしくは破壊的な工具として使うことができる。蓋《ふた》をして重石を置いたゴミ入れさえ、器用に重石を排除してから蓋を開けてしまう。これは本当に研究対象になっており、カレント・バイオロジー誌に「オウムのゴミ箱開け行動が人間との革新的軍拡競争を助長しているか？」という論文が掲載されている。★

　オーストラリア在住の知り合いいわく、「あいつらは餌目的というより、面白くてやっているかもしれない」とのことで、彼らにとって（ちょっとしたご褒美付きの）知的ゲームだとすると、非常に厄介である。

★ Barbara C. Clamp et al. 2022. Is bin-opening in Cockatoos leading an innovation arms race with humans? Current Bilogy 32(17)

ちなみに、このニュースを知ったときに私が考えたのは「オウムのためにもっと面白いオモチャを置いておいて気をそらす」だった。知り合いからの提案は「オウム用の動画を見せる」だった。そういう動画は実際に販売されているそうである。おそらく飼育動物のメンタルケアのため、一種の環境エンリッチメントということだろう。

ゴミ箱から気をそらすために置かれた画面を、オウムが並んで見ているところを想像したらなかなか微笑ましい。だがそうするとどんどん鳥が集まり、あぶれた奴はゴミ箱をつついて遊ぶだろう、という指摘もあった。……確かにそうだ。やっぱり手に負えないな。

こういう「何かやらかす」感じは、ただの

キバタン

鳥ではなく、一目置かれる存在になり得るだろう。トリックスター的な神様も似合うかもしれない。いや、悪いほうのイメージがつくかもしれないが。

うまい具合に、彼らもカラス同様に集団性で、しかも昼行性だから、朝夕に群れで飛ぶ。その光景はなかなかすごいもので、例えば、オーストラリアでは野生のセキセイインコが緑色の雲のごとき大集団で空を飛ぶことがある（budgerigar flockなどで画像検索すると出てくる）。ねぐらを作るために立木に一斉に止まると、枯れ木が生き返ったように緑色になる。まあ、すべてのインコ・オウムがセキセイインコのように緊密な大集団を作るわけではないが、彼らも「集団で飛び、朝を告げる鳥」の資格はあるわけだ。

となると、太陽には巨大なインコさんが住んでいるという伝説ができ、日本神話でも道に迷ったときに遣わされてくるのは三本足のインコである。熊野大社には八咫鸚哥が祀られ、日本サッカー協会のマークも同様だろう。

ただし、愛嬌はあるだろうが、神の威厳があるかどうかは知らない。

続いて食性。ここで重要なのは、オウムはもともと果実食で、かなり大きな果実でも食べてしまうという点。つまり、カラスに代わって種子散布者になってくれる可能性がなくはないのだが、重大な問題が一つある。

確かにインコ・オウムは果実を食べる。だが、彼らの強力な嘴は果肉を削《そ》ぐだけでなく、種子を噛み割って食べるためでもあるのだ。彼らはナッツを食べるカケスやイネ科種子を食べるスズメ、ハトなどと同じく、種子散布者であると同時に、種子食者でもある。つまり、ビワやカキの実をゲットした場合、下手すると種を噛み割って食べてしまうのである！　これではむしろ、カキの敵だ。

　ということで、もし彼らを種子散布まで含めてカラスの代役にするならば、「肉食に適応した結果、嘴の機能が噛み割るほうに特化できなくなった、あるいは消化機能や生理機能が変化したため、種子食をやめて果肉だけを食べる果実食にジョブチェンジした」という言い訳がいる。ちょっと、これは厳しい。

　正直、最初は「オウムがカラス化してくれたら一番面白いんじゃないかな」などと考えていたのである。ケアを考えればかなりカラス的な行動もする鳥だし、ゴミ箱を開けてしまうことだってある。そのへんのイタズラっぽさも含めた「カラス的」な印象は一番強かったのだ。

　だが、肝心の果実食の部分でこんな設計変更がいるとなると、ちょっとやっかいだ。それに種子食性となると、豆や穀類をポリポリ食べ始める可能性が高い。すると農業害鳥としてのポテンシャルが本家のカラス以上に高くなる。

候補者を考えるとき、北米に唯一分布したインコ・オウムであるカロライナインコについて触れた。だが彼らは果実栽培や綿花栽培の敵として駆除された結果、絶滅してしまった。★カロライナインコは長い尾を含めて全長35センチ、体重100グラムほどの鳥である。体重からいうとツグミ、ムクドリなんかより少し重く、ハトよりはだいぶ軽い。コンゴウインコのような大型種と比べればだいぶ小回りの効きそうな、つまり少々の環境の変化には耐えそうな小型種でさえ、コレだ。それがカラスの代役を勤めるほどの大型種ともなればば？

いやいや、肉食傾向を強めて雑食化していれば、そこまで農作物を荒らしはしないのでは？　カラスだって肉食傾向がありながら、農作物被害の極めて大きい動物だが、害鳥として駆除されて絶滅、という例は今のところない。

ところが肉食傾向のほうも、嫌われることもある。カラスは羊や牛の出産後の後産《あとざん》（胎盤など）を食べることがあり、仮に死産だったりすれば、それも食べる。言いたくないが、

★　野生絶滅は1904年。以後は動物園などに残るのみとなったが、1918年には「インカス」という名の最後の飼育個体がシンシナティ動物園で死亡し、完全に絶滅した。なお、同動物園は1914年に最後のリョコウバト、「マーサ」が死んだ場所でもある。

親がちゃんとガードしていなければ、生きていても無防備な子供は普通につつくだろう。そのへんが理由になって、カラスは畜産業者にも非常に嫌われた歴史がある。さらに「カラスが生まれたての子鹿を食べるから獲物が少ないのだ！」という理由で、ハンターにも嫌われた歴史がある。実際、アメリカのワタリガラスはそういう理由で駆除されたし、オオカミ駆除のための毒餌の巻き添えを食ったときも、「どうせ同じ有害鳥獣だから」という見方をされている。北米の中央部あたりにワタリガラスの分布がポッカリと空白になっているエリアがあるが、これは平原にいる捕食者とカラスを一掃し、牧場と農地に変えたあと、ワタリガラスが戻ってこなかったからだ。こういう西部開拓時代の無邪気なまでの自然破壊っぷりを見る限り、一番有害なのは……いやまあ、やめておこう。

こういった史実と考え合わせると、残念ながら、あまり想像したくない未来も存在し得るだろう。

結論

できれば肉食適応によって嘴の力を弱め、種子食は控えめにしていただきたい。でないと全世界で穀物栽培の敵と見なされて駆除され、もはや生き残っていない恐れさえある。一方、肉食傾向を強めると今度はそれも嫌われて駆除されかねない。どうしてもというなら、果実食との合わせ技でどちらもほどほどに。

条件付きの有力候補

候補その4：果実食化した猛禽

猛禽を果実食にする、というのは論理的には可能だと思うが、実例が今ひとつ思い浮かびにくいのではないか。

確かにインコ・オウムとハヤブサは近縁なグループで、おそらく共通祖先は肉食だったということは先に書いた。だが、これは「肉食系の凡庸な祖先から分かれた一派は進化の末に果実・種子食を極め、もう一派は空中で鳥を捕食する技を極めた」といっているのだ。空飛ぶ辻斬りみたいな進化を極めてから平和なベジタリアンに転向しろ、といっているわけではない。そんな『ザ・ファブル』みたいな、『珈琲いかがでしょう』みたいな真似が、できるのか？

ところが、これには実例がある。例えばハチクマだ。

ハチクマはかなり変わった猛禽で、地中に営巣するクロスズメバチなどの巣を掘り、その幼虫を食べている。ユーラシアに広く分布するのでそれなりに成功している鳥だが、猛禽の中での系統がよくわかっていない上、生活が独特なのである。

そしてこのハチクマ、東南アジアでの観察によると、マンゴーを食べていたという記録がある。

また、オーストラリアのオナガイヌワシが果実を食べることもあるようだ。この鳥は比較的死肉食性が強く、捕食に頼らない生活にシフトしつつあるように思える。また、単なるイヌワシでさえ、果実を食べた例があるとしている文献があった。

となると、肉食の代表みたいな猛禽類が果実食にシフトしてくる可能性はあるのだ。

ここではカラス的特徴を持った鳥として、そんなに鋭くはないにしても、長く大きめの嘴を進化させつつある猛禽、と考えよう。飛行能力はそこまで求めないので翼は縮小する。あと、地上を歩くこともあるはずだから、脚は長めにし、よく歩くタイプを考えて……あ。それ、ほぼカラカラじゃん。となるとワシ・タカ目からもカラカラ的な鳥を進化させることになるのか。先に書いたハゲワシとコンドルの関係に近いかもしれない。

それはそうと、カラスと違い、猛禽はすでに、極度に発達した足指の爪を持っている。カラスは餌を足で踏んでハンドリングすることはできるし、掴むことも一応できる。多くのスズメ目が餌のハンドリングに全く足を使わないことを考えると、ずいぶん器用だともいえる。このあたりを網羅的に研究した論文があるが、鳥類の中で足を使えるのはスズメ目の半分以下の科、あとはワシ・タカ、ハヤブサ、インコ・オウム、そしてコンドルだ。

だが、カラスとて主に使うのは嘴のほうだ。ハヤブサ科なら、片足で枝に止まったまま、片足で握った獲物を口元に持ち上げて食べる、なんてことをやすやすとやってのける。猛禽はしばしば、飛行中でも首を曲げて、足に掴んだままの獲物を食べていたりするのである。

そうすると、この「果実食化した猛禽」は本家カラスよりも器用な生き物にならないか?

いや、考えてみたらそうに決まっているのだ。果実食化した猛禽とは、とりもなおさず「捕食者の姿を残したままオウムに寄れ」という意味だからだ。その猛禽がハヤブサなら、できあがるのは前節で考察した「肉食寄りのオウム」である。器用に飛び、器用に握り、器用に噛む。

……わりとめんどくさい予感がする。それはつまり、オウムのところで検討したように、ネットや容器の蓋を掴んでどけたりする可能性がある、ということだ。オウム並みの好奇心まで備えていると、自転車のタイヤを噛んだり、ボルトを回してみたりする奴も出てくると思われる。カラスなら「針金を持ってきたので架線がショートして電車が止まりました」くらいで済んでいるが、「勝手にボルトを抜かれました」はシャレにならない。いやまあ、本当に重要なボルトなら鳥が回せるほど緩んでいることもないだろうが。
また、フライドチキンなんぞを持ち逃げしつつ、空中で食べていることもあり得る。街中にたくさんいる場合、頭上からエビフライの尻尾、スパゲティ、ネズミなんぞが降ってくる機会は増えるかもしれない。

さらに、どの程度、地上歩行や果実食に適応するか、言い換えれば「どの程度、猛禽であることを捨てるか」の程度によっては極めて危険なことが起こり得る。人間への危害の増大だ。

カラスは確かに人間を「襲う」ことがあるが、それは雛を守るときに限られるし、必ず襲うわけでもない。そして、気の強い個体が、よほど腹に据えかねて人間を襲ったとしても、必ず後ろから、頭を蹴る程度である。

さて、このときに問題になるのが鳥に特有な対向指だ。鳥の指は基本的に前3本、後ろ1本の組み合わせである。カラスが人間を蹴るときは、握りこぶしを後ろから当てる、もしくは頭を踏み台にしてポンと蹴る。このとき、後ろ向きの指1本が、頭に引っかかることがある。

森下らの研究によると、東京都で「カラスに襲われた」という報告があった例のうち、怪我をしたのは十数パーセントであり、すべてが「爪が当たって擦りむいた」というものだったとのこと。つまり、この後ろ向きの指の爪が掛かっているのだ。

これが猛禽並みに強化されると、ちょっと怖い。例えば、オオタカが獲物を捕らえる場合、両足で掴みかかれば合計8本の爪が突き刺さることになる。小動物なら内臓まで到達し、即死させるに十分だ。猛禽の強大な爪は獲物を掴んで飛ぶためだけでなく、素早く確実に仕留めるための武器でもある。実際、フクロウなんかをハンドリングするときに噛まれるのももちろん痛いが、一番注意がいるのは足である。迂闊《うかつ》に握られたら、向こうに悪気がなくても爪を突き立てられる。剥製標本を扱っているときでさえ、注意しないと爪が刺さるくらいだ。

ということで、人間相手なら小動物と違って即死なんてことにはならないだろうが、カラスと比べてより深い傷を受ける恐れはある。

また、タカの仲間はカラスほど臆病ではないことにも留意しなくてはいけない。都市公園でも繁殖するツミという小型のタカがいるが、この鳥の巣に近づきすぎたりして怒らせると、真正面から顔を狙って蹴りにくることがある。本当に蹴るところまでいくとは限らないが、カラスと違って、狙いどころに遠慮がない。剣道と剣術の違い、とでもいえばいいか。

となると、元が猛禽であった場合、現実のカラスよりもう少し攻撃的、かつ威力の高い鳥が、都市に生息する可能性もなくはないのである。★
まあ、猛禽は一般に用心深い生き物でもあるので、そこまで人間に接近して生活するかどうか？　という問題もあるわけだが、行動とは変化し得るものだ。ハシブトガラスだって、本来は森林に1平方キロを超える行動圏を持ち、絶対に人間に見つからないように営巣するのである。この「果実食の猛禽」あるいは「カラカラモドキ」が、街中にごく普通にいる可能性も、考えねばなるまい。

★　アメリカのニュースサイトCHRONが2023年7月17日に配信したニュースによると、テキサス州ハウストンでは都市部に繁殖しているアカオノスリが人間を攻撃したことが報じられている。配達人が危険なため、郵便も一時停止したとのこと。

結論

ハチクマなどを考えれば、猛禽が果実食にならないとはいえない。ついでに捕食能力が低下し、死肉食にシフトしてくれるとさらにカラスっぽくなる。だが、場合によってはカラスより実際的な意味で危険視されて駆除の恐れが。

候補その5：肉食化したハト

そして、肉食化したハト。

あまり考えたくないが、これは絶望的にめんどくさい生物にならないだろうか。ゴミが落ちていればとりあえず（警戒もせず）集団で降りてくる。そして、何も考えずにつつき回す。食えなければポイする。ゴミ袋もそうだ。とりあえず破る。何も考えずにつつく。中身を全部ぶっちゃける。人が近づいても気にしない。そして、フライドチキンの骨なんぞをいつまでもいつまでもいつまでも、つつき回す。

……これは本来のカラスより嫌われそうである。

ただまあ、この性質はかなりドバトに寄せてある。ドバトはもともと人に飼われていた鳥で、野生化したときから人間に慣れている。これは完全に野生のキジバトが、ドバトほどは馴れ馴れしくないのを見ればわかるだろう。第一、キジバトが市街地で見られるようになったのは1970年代半ば以降、おそらく1980年代からだ。ほんの40年ほどの歴史しかない。★それまで長きにわたって、キジバトは人間と適当に距離を保ったまま暮らしていたのである。

また、言うまでもないことだが、ハトのあの性格はハトの生活あってこそである。ハトは地面に落ちた餌っぽいものをすべてつつき、まあその半分以上はハズレなのだと思うが、もし食えそうなら飲み込んでいる。これがあのアホっぽさの源だが、さて、これは揶揄されるほど悪い方法か？

ここで生物に課されている課題は「餌と、餌に似たオブジェクトが多数ある中で、餌を

★　私のようなオッサンは「キジバトが街の鳥になったのは最近のことですよ」と言ってしまうが、考えてみれば40年は人間の一生の中では結構な長さだ。今時の若者（あえてオッサンぽく言ってみる）にとっては、キジバトは生まれたときから街なかの鳥であろう。年寄りはだいたい、20代かせいぜい30代くらいで「現在」の感覚が止まっているという意見がある。これに従うと、1960年代に生まれた人間にとって「今」とは1980年代から1990年代あたり。だからキジバトが街の鳥になったのは「最近」なのである。

食べろ。単位時間内に取り入れた純益の大きいほうが勝ち」ということになる。これをロボットコンテストみたいに考えてみよう。

チームAは頭脳派。各種センサーを搭載し、計測して餌かどうかを判別する。餌でなければ手を出さずに隣のオブジェクトをまた計測する。この方法は「つついてみたが餌ではなかったので無駄だった」という時間的・エネルギー的損失を最小化できるだろう。

一方、チームBは何も考えない。口の中に「餌センサー」だけがあり、くわえて選別して餌でなければポイする。よって大量のニセモノを口にしてしまうし、それをハンドリングしている時間とエネルギーは無駄だ。だが、餌かどうかを慎重に判断することに時間を費やさないぶん、1回の試行は極めて速い。セ

ドバト（カワラバト）

ンサーを搭載する費用もランニングコストも不要。となると、チームAのマシンが「えーっとね、これはどっちかな、ちょっと待ってね」と考え込んでいる間に「ひょいぱくひょいぱくひょいぱく」と何度もトライし、そのうちアタリが1個でもあれば勝てる、という場合だってあるだろう。

また、チームAは第一の過誤、すなわち「餌ではないのに餌だと判断してしまうこと」を減らすことを主眼としているが、これは第二の過誤と表裏一体だ。つまり「餌なのに餌ではないと判断して見送ってしまう」という過ちだ。絶対に間違ってはならない場合なら識別を厳しくするのもいいが、やりすぎると本当の餌までハネてしまう危険が高まる。厳しすぎるセキュリティ認証みたいなものだ。

さあ、どっちのチームが勝つだろう？　お利口なほうと言い切れるだろうか？

実際には餌を間違うことの不利益がどれだけあるか（食用キノコと毒キノコを選べ、などなら間違いは致命的である）、ハズレがどれだけ混じっているか、1回の施行にどれだけコストがかかるか、などによってスコアが変わるので、一概にどっちがいいとは言えない。ただ、「何も考えずに総当たりで潰す」という方法が必ずしも間違いではないことは、仕事や勉強で思い当たる節もあるのではないか。エレガントに式を解くことだけが解法ではない。

ということで、ハトがアホっぽく見えるとしたら、それはハトにとってその方法が一番合理的だったから、という可能性は非常に高いのである。

と、まずはハトを擁護しておいて、次に「じゃあ食性を変えてもハトはあのまんまか」という話。

先ほどの話は「ハトはハトの生き方をしているから、あんな行動を身につけたんだよ」ということだった。同じように考えると、カラスのような生き方を始めたハトは、やっぱりカラスのような能力を身につける可能性が高い。だいたい、捕食者の隙をついて餌を盗もうと思ったら、相当に注意深く、かつ用心深くなければ自分が死ぬ。食性の幅を広げると様々な餌を覚えなければならず、餌の探し方、採り方も複雑化する。「くるっくー」と鳴きながら地面をつつくだけでは済まないだろう。

ということで、肉食化してカラスのような食性を身につけたハトは、たぶん、かなりカラスっぽくなるはずである。だがあえてここでは「ハトそのまんまの性格で、食うものはカラス」という無茶をゴリ押しする。何も考えずにゴミ袋を手当たり次第破って散らかす鳥とは、なんだか史上最悪な気がして示唆的だからである。

単なるネタとして、ハトのあの特性を保ったまま、カラス的な生活を始めたらどうなるか？

問答無用で着地するなりすべてのものをつつき回す。餌でなければ投げ捨てる。いやまあ、これはカラスもかなりそういうところはあるのだが、空き缶だろうが紙くずだろうが全部そうする。つまりアホなカラスだ。ゴミ袋を荒らされる頻度は格段に増え（燃えないゴミだろうが資源ゴミだろうがシュレッダー屑だろうが毎日である）、清掃にかかる手間が増える。カラスは穴があれば嘴でほじくるし、引っ張れそうなものは引っ張るという癖があるが、おそらくこれも増加だ。カラスはまだしも、興味を引く対象を選んでいるが、ピーナツ目当てに寄ってきたドバトはシャツのボタンだろうが、スニーカーの靴紐のハトメだろうが、「これ丸いけど餌？」とつつき回したのである。

そして、この「カラス的なハト」は肉食に適した嘴を持ち、破壊力はカラスに準じる。うわ最悪。

さらに、ハトは種子食者でもあり、飲み込んだ種子をしばしば粉砕してしまう問題だ。これは生理機能の問題で、なかなか解決が難しい。

もし種子を食べないとどうなるか？　種子を食べないとなると、他の何かで栄養を補う必要がある。その「何か」を肉類にしてしまうという手は？

肉食性を高め、それによって強力な筋胃《きんい》（砂肝のこと。鳥には歯がないので咀嚼できないが、筋肉で覆われた筋胃で硬い餌を機械的に押しつぶし、消化を助けることはできる）を省略し、結果として種子食を捨て、果肉だけを食べるようになったハト……とでもいう妄想が必要だ。

このパターンはインコ・オウムのときと同じで不可能ではない、としておこう。キジバトやアオバトの仲間なら樹上に営巣するので、営巣場所もカラスと変わらない。カラスバトやモリバトなら全長40センチを超え、サイズ的にもかなりカラスだ。これが肉食化し、大きな嘴を持てば、かなりカラスっぽくなる。

ただ、最初から人に飼われていたドバトはともかく、キジバトが都市部に進出したのは1980年代だ。カラスほど人間の生活に密着はしないかもしれない。

一方、ハトならではの怖さが一つある。それは彼らの子育てである。

普通、鳥類は餌の、特に昆虫の幼虫が豊富な時期に繁殖する。急激に成長する雛を育てるために、柔らかくて栄養豊富な餌が大量にいるからだ。だが、ハトの仲間は親鳥が嗉嚢《そのう》(消化管の一部)からピジョンミルクと呼ばれる栄養豊富な分泌物を出し、これを雛に与えている。つまり、親鳥がちゃんと餌を食っていれば、それを体内で食べやすい形に加工してから雛に与えることができるのである。そのためハトの繁殖期は一定しておらず、秋に卵を産むことも珍しくない。餌さえあれば冬でも産めないことはない。

となると、「5~6月がカラスの巣立ち時期なので注意しましょう」といった注意書きが意味をなさなくなる。いや、その「カラスハト」がカラスほど怒りっぽいかどうかはわからないのだが、仮に縄張り防衛の激しい鳥だった場合、年がら年中どこかで威嚇される可能性もある。そして、ゴミの豊富な都市部とはまさに「一年中繁殖が可能な環境」であるはずだ。

結論

絶望的に諦めが悪く、しつこく、何も考えていなさそうな肉食のハト。それはたぶん、どこまでも追いかけてくるターミネーターくらい鬱陶《うっとう》しい。もはやホラーだ。まあそれはネタとしても、実際のところどんな鳥になるのか見当がつかない。あるいは、意外と、カラスっぽくなる可能性もなくはない。なくはないが……カラスと違って繁殖期が固定されず、人間にとってはさらにやっかいな鳥になるかもしれない。

最終結果発表：そして誰もいなくなった？

さて。

あれこれ考えた結果、何をカラスの代役にしても一長一短があるということになった。正直にいえば、一番ありそうで、かつ楽しそうなのはオウムだと思っていたのだが、種子散布に貢献しない可能性を忘れていた。また、その場合はカラスより面倒な「害鳥」が出現する恐れがあるとは盲点だった。

次点でありそう、かつスカベンジャーという意味で成立しやすく、見た目もちょっとカッコいいなと思ったのは猛禽やハゲワシだが、これもカラス以上に攻撃力のある鳥になる可能性が出てきてしまった。それに、食性をかなり果実食寄りにしてもらうか、もしくは大型の果実食者を別に用意しないと植物のほうの進化にも関わってしまう恐れがある。

さらに、場合によっては日本の環境さえ変えてしまうかもしれない。国際情勢が変わるかも、というのは冗談だが、いやいや、バタフライ・エフェクトなんて言葉もあるくらいで、何が起こるかはわからない。

ということで、この妄想の中からかろうじて条件を満たしそうなのは、

・コンドル／ハゲワシ、もしくは肉食化インコと、果実食性の大型ムクドリ／大型ヒタキとセットになる場合。

・猛禽がいい具合に小型化し、おとなしくなり、果実食でかつ死肉食に特化してくれる場合。

くらいであった。うん、どっちもだいぶハードルが高い。おまけに、最初の案は2グループが相補的に進化してくれないと困る。

あとはハトが大型の肉食者に化ける場合なのだが……まあ、あり得なくもないが、肉食化したハトというのは実例がなく、ちょっと説得力に欠けると言わねばなるまい。

となると意外や意外、イヌワシか何かに小型化してもらい、果実食／死肉食性になってもらうという案が一番か？　だがそれはそれで、どの程度人間の近くに暮らすものか、よくわからない。人から離れて暮らすようだと、文化的側面においてカラスの代役がいなくなってしまうのだ。一方、都市部でゴミ漁り問題も引き起こしにくいかもしれないが、それはそれでこう……早朝の繁華街でゴミを漁らないものを「カラス」と呼べるか？

やはりカラスのほかにカラスなんていないんだよ！

……と、これで締めようと思ったところで、一種だけ、完璧な鳥を見つけてしまった。アフリカに生息するヤシハゲワシである！

これは猛禽の中でもピカイチに変わった種だ。

分類上はワシタカ科。ただ、ハゲワシとつくがハゲワシ属ではない。この1種のために作られたジポヒエラクス（*Gypohierax*）属である。分岐順序としては、おそらくミサゴ属、ヒゲワシ属、ハゲワシ属に続いて分かれており、かなり古い時代に他の種からは分離したものとみられている。分布はアフリカ西岸の

ヤシハゲワシ

ガンビア、東岸のケニアから南アフリカまでの海岸地域。後述するがアブラヤシの生える地域を好むので、乾燥地や高地にはいない。

全長60センチ、翼開長150センチ、体重1・5キロ前後なので、ワタリガラスくらいか、もう少し大きい程度の鳥だ。樹上営巣性で、ホテルの庭にも営巣した例があるくらい、あまり人間を怖がらない。

そして何より特徴的で重要なのはその食性……ヤシハゲワシの主食はヤシの実の皮と果実なのだ。アブラヤシとラフィアヤシを主食とし、それ以外にもオレンジなどを食べる。一説には成鳥で食物の60％、幼鳥なら80％以上が果実だという。穀類も食べることがあるようだ。

重要なのは、この鳥がおそらく種子散布者でもあるという点。アブラヤシやラフィアヤシのような大きな実を運べるほど体が大きく、果実を飲み込めるほど嘴も大きい。さらにブラジルでの研究では、カラカラがアブラヤシの果皮を鋭い嘴や爪で傷つけることで発芽率を上げている可能性も指摘されている。★ヤシハゲワシも同様の可能性はあるだろう。

★ Silva, L. B. 2022. Frugivory and primary seed dispersal of Elaeis guineensis by bird of prey. Brazilian Journal of Biology 84(2)

カラカラもアブラヤシの果実を食べるのだが、ヤシハゲワシほどではない。

一方で完全草食というわけでもなく、死肉も食べるし、昆虫、カメなど多様な小動物、鳥といった生きた獲物も食べる。つまり、早い段階で果実食に専念する方向に進化したが、おそらくご先祖様の影響で肉食傾向も残している鳥だ。また、滑空より羽ばたき飛行を多用することもわかっている。となると、おそらくサーマル（上昇気流）に依存する度合いが低い。比較的小型であることに加え、専門のスカベンジャーと違い、死肉を探して長距離を飛び回る必要がないのだろう。

つまり、ヤシハゲワシはカラスのように屍肉や小動物を食べ、カラスのように果実を食べ、種子を砕かずに排泄してくれる種子散布者になり得て、朝イチからせっせと飛んでくれそうな鳥だ。いわば可能な限り生態学的に忠実なカラスのフェイク！　こいつぁ完璧にカラスの代役が務まりそうですぜ！

一つだけカラスっぽくないのは、本種が白いことだ。特に腹側から見た場合、初列風切羽の先端と次列・三列風切羽、および尾羽の根元側は黒いのだが、全体の印象としては白っぽい。コウノトリみたいな感じといえばいいか。背面はもう少し黒い部分が多くて、「白黒まだら」といったところ。

ということで、ヤシハゲワシに期待したいのは以下の点である。

・より多様な果実を餌とし、さらに足りないぶんは死肉食や捕食で補って適応性を高めること。
・小型化することでより適応力を高め、餌資源が少なくても生きられるようにすること。
・それによって世界各地に進出し、ワールドワイドな存在となること。
・その過程で黒い羽衣を進化させること。

これで「死肉食で果実食で捕食もする、中〜大型で、朝から飛ぶ、世界中に分布する黒い鳥」の出来上がりである。さらに、アブラヤシが南米や熱帯アジアでも栽培されていることを考えると、潜在的な彼らの生息地はずいぶんと広がるではないか！　おお、コイツの未来は明るいか？　もとの植生を破壊し尽くしたプランテーションを追いかけて広まる分布というのも微妙にイヤだが。

ただし、どうしてもこの「シン・カラス」にできなさそうなことが一つだけある。喋ることだ。

ワシタカの仲間はスズメ目ほど音声が発達しておらず、さえずることはできない。何より学習によって他種の声を取り入れることができない。

実際、ヤシハゲワシは唸り声や、アヒルのような「ガッガッガッ」という声、あるいは笛のような高音を出すことはあるが、「歌」と呼べるほどではないようだ。もちろん、人の声を真似ることもない。

なので、エドガー・アラン・ポーが『大禿鷲』を書き、「Nevermore」と言わせるのは無理だろう。だが、それがどうした。喋らなくたってカラスはカラス……いや……あの「カア、カア」という郷愁を誘う声なくして、「カラスと一緒に帰りましょ」という歌は生まれまい。やっぱり、100%完璧な代役なんていないということか。

いや、なんとなくこうなる予感も、あったのだ。もしカラスの完全な代役がいたら、それはすでにカラスである。となれば、あちらを立てればこちらが立たないのは道理だ。仮に完全に代役にしようとすると、魔改造が必要になる。そうなると、魔改造の果てにまたしても思ってもみなかった副作用が生じる恐れがある。

ということで、最初に書いた「カラスだけがいない街」の景色の続きは、こんな具合になる。せっかくなのでオールスター総出演にしよう。

アメリカ大陸の温暖な地域で先住民が崇めるのは、どこからともなく飛来するコンドルとカラカラだ。平原ではオオカミのあとをコンドルが付いていき、もし獲物を仕留めれば、カラカラが周囲を取り巻いて餌を待っている。

北米のコンドルたちはカナダまで分布を広げ、そのままならベーリング地峡を渡ってユーラシアも席巻できたろう。だが、これに立ちはだかったのが旧大陸のハゲワシ類だった。彼らは長い時間をかけて寒冷適応しており、ベーリング地峡を速やかに渡ったのは彼らのほうだったのだ。結果、シベリアからアラスカ、カナダにかけては中型のハゲワシが「神」とされ、祖霊を象《かたど》ったトーテムポールもハクトウワシとハゲワシだ。

オーストラリアではオナガイヌワシが死肉食者だが、さらに小型のハゲワシと肉食傾向を強めたケアが後ろで順番待ち中。さらにオナガイヌワシは果実食にも手を広げ、オセアニアの種子散布になくてはならない種となっている。ユーラシアではハチクマや小型化したイヌワシの一部も種子散布者だ。田舎なら、庭先のカキの木に猛禽が止まり、カキを食べていることも珍しくない。近年では線路沿いに猛禽がしばしば見られ、ビワの種子散布に一役買っているともいわれている。

ただし、うっかり近づいてはいけない。繁殖期である春から初夏にかけて、公園で営巣するこの「カラスハチクマ」あるいは「カラスイヌワシ」は人間にも攻撃的になる。毎年のように頭や顔面を蹴り飛ばされる「事件」が発生し、そのたびに新聞は「凶暴化した猛禽が〜」などとヘッドラインをつけ、鳥類学者が「あれは雛を守るときだけです」と説明に追われる。しかし、カラスと違ってそれなりの流血沙汰になったりするので評判はあまり宜しくない。

市街地ではこれらの鳥に加え、ユリカモメやトビがゴミ漁りに参戦した。トビは街なかの鳥という印象がないかもしれないが、１９７０年代までは東京の都市部にもいてゴミを漁っていたのだ。この世界では一度は減少したものの、１９８０年代から２０００年頃にかけて餌付けに伴って人間に慣れ、都市部にも普通に現れるようになっている。

あるいは、大都市のビル街に、高架下に、全長40センチ以上もあるムクドリが営巣して繁華街に飛来する。もう少しスマートな、巨大なヒタキが長々とさえずりを聞かせるかもしれない。ただしこいつらの餌はゴミ漁りのほか、果実と小動物だ。昆虫以外に小鳥やネズミも仕留めることがある。ツバメやハトの巣を襲うこともしばしばある。おまけに営巣場所は駅のプラットホームの屋根を支える鉄骨の間だ。頭上から雛の鳴き声が聞こえ、時には何かよくわからない食べこぼしが降ってくる。彼らはかつて森林か、せいぜい大きな寺のあたりにしかいなかった。だが１９７０年代から急速に生息域を都市部に広げ、もはや街の風景の一つとなっている。屋根裏などに営巣されて問題となることもある。

ゴミ捨て場にはイカついハトが居座り、飽きもせずにフライドチキンをつつき続けているかもしれない。まあ、ハトは人間が手にしたものがポップコーンだろうとフライドチキンだろうと気にせずつつきにくるので、あまり変わらないといえば変わらないが。

それに加えて、雑食性のオウムが公園の樹木のウロで繁殖し、ゴミ箱を開けてしまったりする。最近では置き配をオウムに齧られたという苦情も増え、運送会社が頭を抱えているという。

エピローグ

鳥類学者マツバラのパラレルな日常

さて。

ランニングから戻った私はゴミ袋を手に出勤する。アパートの前のゴミ置場は頑丈な金網で囲われ、鳥のオモチャまで置いてある。当然だ。むき出しで置いておいたりしたらありとあらゆるスカベンジャーに食われ放題である。金網で囲ってあるのは猛禽の破壊力に耐えるため、オモチャはカラスインコの気をそらせるためだ。オモチャにはかなり齧られた跡があるが、3日前とあまり変わっていない。どうやら飽きてきたようだ。次のオモチャを考えなければ。

駅まで出勤する途中、電柱や並木に「カラスイヌワシ注意」の看板が執拗につけてある。保育園の前で遊んでいる子供たちはゴムのトゲトゲ付きのヘルメットを被っている。オーストラリアで、カササギフエガラスの攻撃に対抗するために考えられたグッズが輸入されているのだ。猛禽に蹴られるのは冗談ごとではないので、これくらいの防備も当然か。

駅前の高架では野太いさえずりが騒音に負けずに響いている。高架の基礎部分のどこかに営巣しているカラスヒタキだろう。だが、その声に顔を上げるのは鳥類学者である自分くらいだ。人間は何にでも慣れるものである。

職場に着いて、メールをチェック。大学本部からの通知は「自転車のパンクについて注意喚起」……ああ、やっぱりインコに齧られたのか。この間から学内で何件も発生しており、先日は公用車もやられた痕跡があった。大学構内の猛禽の分布と営巣状況の調査依頼。鳥類学者としては応じる義務があるだろう。食堂周辺で肉食性のハトにつつき回される事故が発生、ベンチで昼食を食べないように、か。やれやれ。

出版社から執筆の相談も来ている。なになに……「もしも街から厄介者が消えたら」だと？　そんな都合のいい話があるか。

せいぜい、いろんな鳥を一種で兼用してくれるような種が進化するくらいだろう。果実食で昆虫食で死肉食で、知能が高くて、猛禽ほどの攻撃性はなく、インコほど絶望的にイタズラ好きでもない、汎用性の高い鳥。そんな鳥がいるなら、真っ先に研究——

その時、不意に窓が開き、1羽の鳥が飛び込んできた。その黒い鳥は黒い目をキラリと光らせると、大きな嘴を開き、はっきりと言った。

「もはやない」

そう、数多《あまた》の時間改変もののSFが証明しているように、安易なifは決して良い結果を生まない。『バック・トゥ・ザ・フューチャー』のマーティ・マクフライはうっかり過去を変えた結果自分が消えかけ、次は軽い気持ちで未来からスポーツ年鑑を持ち帰ろうとした結果、とんでもなくディストピアな「現在」に帰還するハメになった。それでも最終的に「未来は君たちのために開かれているのだよ！」的な、しかも元の世界よりもいい感じのハッピーエンドになったのは、あれがハリウッド製エンターテインメントムービーだからに過ぎない。現実はあんなに甘くはない……それは、私たちが日々の生活で思い知っていることだ。

「もしも○○さえいなければ」なんて都合のいい想定は、そうそううまくいきはしない。我々は現実と折り合いをつけつつ、まだしもマシな未来を選びながら生きていくしかないのだろう。

それなら、カラスがいる、見知った世界のほうがまだマシだという気がしませんか？

主な参考文献

Crows of the World 2nd edition／Derek Goodwin／British Museum, Natural History

Crows and Jays／Steve Madge／Helm

Ornithology 4th edition／Frank Gill／WH Freeman

『鳥類学』フランク・B. ギル／山岸哲 日本版監修／山階鳥類研究所 訳／新樹社

『カラスの自然史』樋口広芳・黒沢令子 編／北海道大学出版会

『カラスの文化史』カンダス・サビッジ 著／松原始 監修／瀧下哉代 訳／エクスナレッジ

Mind of the Raven／Bernd Heinrich／Harper Collins

松原 始（まつばら・はじめ）
1969年、奈良県生まれ。東京大学総合研究博物館・特任准教授。京都大学理学部卒。同大学院理学研究科博士課程修了。専門は動物行動学。研究テーマはカラスの生態、行動と進化。著書に『カラスの教科書』『鳥類学者の目のツケドコロ』『カラス先生のはじめてのいきもの観察』『鳥マニアックス』『旅するカラス屋』『カラスは飼えるか』『カラスはずる賢い、ハトは頭が悪い、サメは狂暴、イルカは温厚って本当か？』などがある。

もしも世界からカラスが消えたら
2023年12月26日　初版第1刷発行

著　者　松原 始
発行者　三輪 浩之
発行所　株式会社エクスナレッジ
〒106-0032　東京都港区六本木 7-2-26
https://www.xknowledge.co.jp
問合先　編集　TEL.03-3403-1381
FAX.03-3403-1345
info@xknowledge.co.jp
販売　TEL.03-3403-1321
FAX.03-3403-1829